間違いだらけの電力問題

常葉大学名誉教授
NPO法人国際環境経済研究所所長
山本隆三

ウェッジ

はじめに

大学教員になる前は総合商社に勤務していました。企業時代には北米、豪州、インドネシアでの電力会社向け石炭資源の開発業務に携わった後、温室効果ガスを削減する海外プロジェクトを中国、インド、南アフリカ、ウクライナなどで担当しました。周りからは、二酸化炭素を出した罪滅ぼしと揶揄されましたが、エネルギーに関する知識は温室効果ガス削減事業には大いに役立ちました。

ただ、エネルギーとか電気の知識は奥が深いと思うことがありました。20年以上世界の多くの地域で電力業界向けエネルギー資源の開発に携わっていても、「そんなことがあるの？」と驚くことが、しばしばあったからです。また、電気に関する世の中の方の理解にも驚かされることがありました。

経済界の方も業界の方を除けばエネルギーとか電気の話には、あまり詳しくないと思います。自動車会社の会長だった日本経団連の副会長から、「日本はまだ石炭を使っているの？」と尋ねられ驚いたことがあります。現在日本の電気の約3割は海外から輸入した石炭で発電しています。

流通業界の大手企業の会長が、雑誌のインタビューで「日本の電気料金は無茶苦茶高い。米国の2倍だ」と憤慨されていた記事を読み、やはり驚きました。エネルギーを自給できる米国と、ほとんど全てのエネルギーを輸入する日本の電気料金が異なるのは仕方がありません。米国でも州により電気料金は異なります。エネルギーを輸入するハワイ州の電気料金は日本よりも高いのですが、この会長はご存じなかったようです。

２０１８年に北海道で地震があり、停電が起きました。この時に新聞もテレビも大規模停電を「ブラックアウト」と呼ぶと解説していました。初耳でした。米国でも欧州でも、小規模でも停電をブラックアウトと呼び、大規模停電だけを呼ぶわけではありません。ロンドンの一部が停電した時も、米国でピッツバーグの一部が長期に停電した時も、現地の新聞、テレビはブラックアウトと伝えていました。大規模停電は、たとえばステートワイドブラックアウト（州全域停電）というように呼びます。新聞かテレビに係る誰かが、ブラックアウトの意味を勘違いの上報道し、それが広まったのでしょう。

この停電の時に、ＩＴ企業の方が、「電気は必要な時に同じ量を発電しなければ停電することを初めて知った」と言われていました。電気を大規模に貯める費用が高いので、電気は需要に合わせ発電する必要があります。発電量が多くても、少なくても停電するので、需要に合わせ供給するように地域の送電会社が発電量を24時間調整しています。

東日本大震災後に、原発がなくても日本には十分な発電設備があるので大丈夫との主張が新聞、テレビなどで行われました。私は科学者だからと主張する大学教授が、日本の電力需要量よりも原発以外の発電設備量が多いから大丈夫と力説するのをテレビで見て目が点になりました。設備があっても常に発電できるとは限りません。たとえば、水力発電を行えば貯水は減りだんだん発電できなくなります。設備量と発電可能量は異なるという電気の基本を科学者の先生は知らなかったようです。

知っているようで知らない電気に係る話は多いと思います。どうすれば電気料金は下がるのか、停電の危機を回避するにはどうすればよいのか、二酸化炭素を減らし2050年に脱炭素することは可能なのか、電気自動車は広がるのか、水素を発電に利用できるのか、電力産業の将来はどうなるのかなど、さまざまな電気の問題を考えてみたいと思います。

エネルギー、電力の問題を考える際には、経済性（Economic Efficiency）、安定供給（Energy Security）、環境性能（Environment）の3Eと呼ばれる視点が欠かせません。本書では、まず電気の基礎を説明した後、電気料金がどのように決まるのか、なぜ大きく変動するのか、私たちの生活、給与にどのような影響を与えているのか経済性の視点を説明します。

次いで、ここ数年、関東での冬の電力供給に不安があり、停電危機が叫ばれています。なぜ、そんなことになったのか、2016年に行われた自由化は供給面で何をもたらしたのかなど、安定供給の問題を説明します。最後に環境問題、特に脱炭素の話です。脱炭素にはコストがかかると考えられます。そうなると経済にも実は少子化にも影響を与えることになります。

人口減少社会の中で社会基盤、インフラを維持することは簡単ではありません。行き当たりばったりでエネルギー、電力問題に取り組んでいると、ある日突然電気が来なくなることがあるかも知れません。ロシアが引き起こしたエネルギー危機は、改めてエネルギーの安定供給と安全保障が重要であり、ロシア、中国などへのエネルギー、原材料の依存が大きなリスクであることを教えてくれました。

電気は社会を支える重要なインフラです。さまざまな視点、角度で電力問題を考えてみましょう。

第1章では、電気の歴史から基礎を説明しています。電気に係る発明家では実用的な電球を発明し、商業発電事業を始めたエジソンが有名です。総合電機メーカとして知られるGEもエジソンの会社から発展しました。電気に係った人の名前は今も企業名に残っています。シーメンス、ウエスティングハウスが創業した会社は、現在でも産業界で大きな地位を占めています。テスラは本人とはまったく関係ない電気自動車会社の社名になっています。

発電には交流が利用されていますが、その理由、東日本と西日本で周波数が異なるので東西間で電気を送る工夫にも触れています。発電の方法は、エジソンが事業を始めた時からほぼ150年間変わっていません。効率は上昇していますが、発電の世界では大きなイノベーションは起きませんでした。

電気の基礎にも、ボルト、アンペア、ワットなど多くの人の名前が登場します。ワットとアンペアの関係など電気の基礎知識を知れば、家電製品の利用時の電気料金も計算できるようになり、節電を考える際にも役に立ちます。

第2章では、第二次世界大戦後のエネルギーと電力供給を振り返り、今の世界と日本の発電事情を見てみます。1960年代の高度成長期まで、国内の石炭を利用した火力と水力が日本の電源の主体でした。高度成長期に電力需要が大きく伸びたことから、安価で扱い易い石油を利用した火力が主体になりました。

1973年の第一次石油危機により脱石油が課題になり、発電では海外からの輸入炭、液化天然ガス（LNG）に加え、原子力の利用も広まりました。日本が欧州主要国と同レベルの電気料金を実現できたのは、輸入炭、LNG、原子力をうまく利用したからでした。2011年の東日本大震災以降原発の利用が落ち込み、今は輸入炭とLNG火力を中心に、火力発電が約7割の供給を担っています。

そんな中でロシアがエネルギー危機を引き起こし、脱ロシアが課題なり、多くの先進国は自給率向上のため再生可能エネルギーと原子力の利用を進めています。一方、米国はシェール革命により世界最大のエネルギー大国になり、石油も天然ガスも輸出国になりました。電気料金は主要国の中で最安値です。

今世界一の発電大国は中国になりました。原発の数は米国に次ぐ世界2位です。世界の発電量をみると石炭火力発電が依然最大の供給源で約35％のシェアを持っています。

第3章は、世界と日本の電力需要、電力の使われ方を説明しています。日本の電力需要の約3割は家庭ですが、世界の国を見ると経済発展の段階により電気を使用している部門は大きく異なります。

また、世界では電気へのアクセスがない人が、人口の1割近い7億人います。今後世界の電力需要は途上国中心に伸びるものと思われますが、日本では２０００年代から電力需要は波を打ちながら減少しています。しかし、これからは日本でも電力需要は増加に転じる可能性が高いと考えられます。

クリーンな電気の利用が増えることに加え、電気自動車の増加、水からの水素製造用の電力などによるものですが、短期間で需要増をもたらす可能性があるのはＡＩの普及です。ＡＩの利用によりデータセンターの電力需要が大きく伸びると予想されています。

日本の電力市場は、２０１６年に完全自由化され、電気の小売り会社と自由化された料金を選択することが可能になりましたが、規制料金と呼ばれるコストを基に査定された料金も経過措置として残されており選択可能です。日本の電気料金は、上昇傾向です。その一つの理由は再エネ導入支援のための賦課金を電気料金で負担していることです。

第4章は、電気料金が経済活動と家計に与える影響を解説しています。電気料金は、エネルギー多消費型産業と呼ばれる鉄鋼、化学などの収益に大きな影響を与えています。また、スーパーマーケットなどの電力消費量も大きく、電気料金の上昇は製造、販売コスト増を通し物価にも当然影響を与えます。

電気料金は、企業の人件費にも影響を与えるレベルなので、給与の低迷も原因の一つと考えられる少子化にも間接的に影響しています。エネルギー消費が多い製造業の比率が相対的に高い日本では、これから経済の成長を図り、所得を増やすためには競争力のある電気料金が重要になります。

電気料金は家計にも影響を与えますが、日本の家計への影響は欧州諸国との比較では相対的に低くなっています。ロシアが引き起こしたエネルギー危機の影響を欧州諸国は大きく受けましたが、日本への影響は軽微だったためです。

第5章は、電力自由化が引き起こしたカリフォルニア州の停電、テキサス州の月額100万円を超えた電気料金を例に市場の難しさを説明しています。自由化政策を実行する時には、電気料金の値下がり、供給の安定化が当然期待されているのですが、実際に自由化を行うと期待通りに市場は機能しないことがあります。

再エネ設備の導入の増加も供給の不安定化を招きます。再エネ設備が発電できない時に発電する設備が必要ですが、自由化された市場では将来の電気料金が見通せないので設備が新設されないため供給力が不足します。

安定供給を実現するため設備を確保する容量市場と呼ばれる制度が、英国、米国の一部の自由化されている市場では導入されましたが、日本でも導入され、2024年度から電気料金を通した負担が始まりました。自由化は料金の引き下げも目的でしたが、現実には市場自由化後、制度の手直しが続いているようです。

第6章は、温暖化問題とその解決策について解説しています。温暖化対策として主要国は温室効果ガスの削減目標を立てています。非炭素電源と呼ばれる再エネと原発の導入が大きく増えることが想定されています。しかし、自然条件に恵まれない日本で再エネ設備を導入すると、条件に恵まれる欧米諸国よりも電気料金は上昇し、国際競争力が低下します。再エネ設備とその原材料の大半を中国に依存する安全保障のリスクも考える必要があります。

日本政府が脱炭素のために実行するGX（グリーントランスフォーメーション）は、民間企業に大きな投資を求めますが、日本企業の今までの投資額からすると、かなり難しいレベルに見えます。

日本が競争力のあるエネルギー価格・電気料金、安定供給を実現するためには世界一のエネルギー大国・米国と連携し、クリーン水素、小型モジュール炉のような原子力技術を導入することが必要なように思えます。新型炉建設には投資を促進する制度を整備することも必須です。温暖化問題については、2050年脱炭素を必達目標とするのではなく、楽観的に考えることも必要ではないでしょうか。

間違いだらけの電力問題　目次

第1章～第2章
電気の基礎

第2章 世界と日本の発電事情

第3章

増える電力需要、上がり続ける電気料金

第5章 停電危機はなぜ起きる

第6章 脱炭素時代のエネルギーと電気

第1章

エジソンの時代から変わらない発電方式

発電の始まりと電気の基礎知識

電気にまつわる有名人たち

人類は、電気の存在については静電気、稲妻により古くから知っていたと思われる。米国の独立宣言の起草委員の一人として知られるベンジャミン・フランクリンが、1752年に雷が鳴る中凧を上げ雷雲の帯電を証明したが、電気の利用までは至らなかった。その後、現在の電気に関係する企業に名を残す多くの人たちが電気に係ることになる。

ヴェルナー・フォン・ジーメンス（英語ではシーメンスと呼ばれる）はドイツの電機メーカを創業した。米国の発電事業を発展させたニコラ・テスラは、電気自動車（EV）を製造するテスラとニコラの社名になっているが、両社ともテスラ個人との関係はない。ジョージ・ウエスティングハウスは、かつて東芝の子会社だったこともある原子力発電設備などの企業の創業者だ。トーマス・エジソンが作ったエジソン・エレクトリック・ライトから発展したのは総合電機メーカGEだ。電力会社コン・エジソンもエジソンが作った企業だ。

1832年にフランス人のヒポライト・ピクシーが、初歩的な手回し発電機を世界で初めて作った。1867年頃には、ほぼ同時にドイツ人のジーメンスと英国のチャールズ・ホイートストンが、自励式発電機を製造している。1870年にベルギー人ゼノブ・グラムが安定的に直流を発電する発電機を製造し、電気を実用的に利用することが可能になった。街中ではガス灯に代わりアーク灯が利用されるようになるが、まぶしいため屋内での使用に適さなかった。

発明王エジソンは室内で使用可能な寿命も実用に耐える白熱電球を1879年に発明する。フィラメントに京都の竹が利用されたのは有名な話だ。電球の需要が作り出され、電力を供給すれば事業が成立することになった。エジソンは世界で初めての電力事業を始めた。

1882年9月にニューヨーク・マンハッタン島の南部パール・ストリートに世界発の商業発電所が建設され運転を始めた。パール・ストリートは自由の女神像が設置されているリバティー島へのフェリーが発着するバッテリーパークからブルックリン橋まで北東に伸びる通りだ。今の金融街に発電所があったことになる。石油が商業的に利用される以前であり、燃料は石炭だった。その後、コロラド州などで水力発電所が開発された。

今発電所で作られる電気は交流（AC）だが、パール・ストリート発電所の作る電気は直流

（DC）だった。直流と交流をめぐっては、エジソンと元部下のテスラの間で論争と競争が繰り広げられた。テスラは1856年にクロアチアで生まれ、オーストリア・グラーツ大学で数学と物理学を学び、チェコ・プラハ大学で哲学を学んだ。1882年にパリのコンチネンタル・エジソンで直流プラントの補修の仕事に就く。2年後に米国に渡りエジソンの元で仕事を始めた。

周波数が異なる東日本と西日本

今利用されている家電製品のうちパソコン、テレビなどは、アダプターあるいは製

ニューヨーク、マンハッタン・パール街に建設された世界初の商業発電所

（出典：IEEE Global History Network and Consolidated Edison Company of New York）

品の内部で機器に送られてくる交流を直流に変換している。直流の乾電池、蓄電池ではプラス極とマイナス極があり、常に一方向、プラス極からマイナス極に電流は流れる。交流ではプラスとマイナスが一定の周期で入れ替わる。1秒間に繰り返される周期の回数を周波数（ヘルツ）という。

東日本の周波数は50ヘルツ、西日本は60ヘルツだが、これは電力事業開始時に東日本の東京電力の前身の会社はドイツ・シーメンスから、西日本の関西電力の前身の会社は米国ＧＥから発電設備を導入したためだ。周波数が異なる地域への引っ越しの際には注意が必要だ。使えるものと使えないものがある。テレビ、パソコン、電気炊飯器、掃除機、電気こたつなどは周波数が異なっても使用できる。冷蔵庫、扇風機などはモータが影響を受けるが、使用は可能だ。電子レンジ、蛍光灯などは、どちらの周波数でも対応している製品でない限り、使用できない。

周波数が異なるため、電気をそれぞれの地域をまたいで送る際には、周波数を変換する必要がある。東日本と西日本の境界は、日本海側の新潟県の糸魚川と太平洋岸の静岡県の富士川になるが、境界の近くには4つの周波数変換所が設置されている。変換は、交流の電気をいったん直流にして相手側に送った後、直流から異なる周波数の交流に再変換することで行われる。ただし、変換所の能力には限度があり、東日本と西日本との間で無制限には電気を送ることはできない。

テスラVS.エジソン「電流の戦い」

さて、テスラは大規模な発電には交流が適していると信じていたが、エジソンは直流を推しており、二人の間では「電流の戦い」と呼ばれる事態が起こる。エジソンはテスラを高く評価していたといわれるが、働き始めて1年後にテスラはエジソンの元を離れる。原因はテスラの開発した技術に対する報酬額だったとされる。

テスラは資金を調達し、事業を興し、2年間で交流発電機、変圧器、モータなどで30以上の特許を得た。このテスラに注目したウエスティングハウスはテスラの特許権を購入した。1893年にシカゴで開催されたシカゴ万国博覧会（正式名称はコロンブスの米国大陸発見400周年を記念した「世界コロンビアン博覧会」）の電力供給をエジソンとウエスティングハウスが争ったが、ウエスティングハウスの交流システムが採用され、交流が優位に立った。

博覧会の中心テーマは、科学技術の発展と工業への応用であり、交流に関する多くの機器、配電盤、変圧器、モータ、発電設備、直流への変換装置などが展示された。交流では電圧を変えることで長距離の輸送が可能になること、変換により直流も使えることから、大規模な発電、送電では交流が有利であると多くの来場者に印象付けられた。

電圧、電流と仕事量

電圧はボルトと呼ばれ、電流中の電子を動かす力になる。ボルトは1800年に化学電池を発明したイタリアのアレッサンドロ・ボルタに由来している。電圧が大きいほど電流が小さくなり、高電圧で電気を送れば送電ロスが少なくなる。その理由は次の計算によっている。まず、発電機が生み出す電力の大きさ、仕事量ワット（W）はボルト（V）と電流（I）で表すとW＝V×I　と表示される。ワットは、蒸気機関で知られるジェームズ・ワットに由来している。

ジュールの法則では、熱量をQとし抵抗をRとし、時間をtとすると、$Q=I^2 \times R \times t$となる。送電線の長さで電気抵抗は決まっているので、電流が小さいほど熱量、つまり失われる電気、送電ロスは小さくなる。発電機が生み出す電力の大きさは決まっているので、電流を小さくするにはVを大きくする、つまり高電圧にすればよい。

家電製品にもワット（W）の表示がある。製品により異なるが、電子レンジには1500W

と表示されていることが多い。1ワットの電気を1時間使用すると1ワット時（Wh）になる。1500Wの電子レンジを10分使用すると、1500W×10分／60分＝250Whだ。1000Wの掃除機を2時間使うと、1000W×2h＝2000Wh＝2キロワット時（kWh）。2kWhの電力を消費したことになる。

電気料金は地域により、電力会社により異なるが、たとえば、1kWh当たり32円であれば、電子レンジの電気料金は8円、掃除機の使用による電気料金は64円だ。100Wの電球を20時間使用すれば、100W×20h＝2kWhでやはり64円になる。電気料金は使う家電製品の仕事量（W）と使用時間で変わるということだ。

家庭で電力の契約を行う際には、大きく分けると電流の大きさ・アンペア（A）を選択する契約（たとえば東京電力）と最低料金が導入されている契約（たとえば関西電力）がある。アンペアはアンペールの法則を発見したフランス人のアンドレ＝マリ・アンペールに由来しているが、アンペアを選択する契約の場合高いアンペアだと電気料金も多少高くなる。最低料金制であれば、アンペアを選択する必要はない。定額の最低料金が一定の使用量（kWh）まで決まっており、使用量が増えれば支払い額も増える方式だ。アンペアを選択する際には日本の一般家庭では30Aあるいは40Aを選択するのが標準だろう。先に述べたようにワット（W）は電流（I）に電圧（V）を掛けたものだった。家庭に来ている電気の電圧は100Vなので、アンペアを選択すると、使用する家電製品のWの上限を選択することになる。

たとえば30Aを選択すると同時に最大使用できる家電製品の上限は、30A×100V＝3000W＝3kWだ。電子レンジ1500W、掃除機1000W、エアコン700W、テレビ300Wを同時に使用すれば、3500W＝3・5kWになり、ブレーカーが落ち停電する。使用している製品によりWは異なるが、高いのはアイロン、IHヒーター、炊飯器、ドライヤー、ケトルなどだ。使用する家電製品によっては、契約アンペアも大きくする必要がある。

エネルギーと発電の歴史

化石燃料が経済成長をもたらした

産業革命まで、人類が使っていたエネルギーは自然エネルギーと化学エネルギーだった。自然エネルギーの風力で帆船を動かし、水力の水車で粉をひき、火力の薪で暖を取った。化学エネルギーの食品を基に人間と家畜の牛馬は力を発揮した。家畜は農耕に加え、陸上輸送も担った。

大きなエネルギーを利用することがなかった社会では経済成長も限られていた。所得も人口も大きな伸びを示すことはなく、世界の人口は西暦0年に1億8000万人、1500年に5億人、産業革命時も8億人だった。産業革命により石炭の本格的な利用が始まり、人類は大きく発展することになる。蒸気機関により蒸気機関車、蒸気船が輸送に利用されるようになり、紡織機などの利用も始まり、生産性、所得は大きく向上した。

1859年に米国ペンシルバニア州北西部タイクスビル近郊にて初めて油井による石油の生産が開始された。この石油の販売で財を成したのが、ビル群の中に設置されたクリスマスツリーに点灯する様子が世界中のニュースに流れる、ニューヨーク5番街のロックフェラーセンターに名を残すジョン・D・ロックフェラーだ。ロックフェラーは大規模な製油所を建設し、灯油の標準（スタンダード）になるとしてスタンダードオイルを創業した。ロックフェラーは米国の原油の買い付けと灯油販売をほぼ独占することになり、米国で独占禁止法が作られるきっかけになった。

1911年にスタンダードオイルは、連邦最高裁の解体命令により34社に分割され、その後スタンダードオイル・オブ・ニューヨークはモービル石油、ニュージャージーはエクソン、カリフォルニアはシェブロンとなり、今も世界の石油業界で大きな地位を占めている。

1865年にカール・ベンツにより石油を利用する自動車が発明され、1907年にヘンリー・フォードが自動車の大量生産を開始した。米国では石油の消費が増え始めるが、石油の消費量は限定的で米国内の油田で需要を賄うことが可能だった。第一次世界大戦から石油は航空機、艦船、戦車などの燃料として利用されることになり軍事面では重要になったが、家庭と産業では石炭がエネルギーの主体であり、石炭の時代は第二次世界大戦後1950年代まで産業革命から200年近く続いた。

1950年の時点でも日本の一次エネルギー供給の85%は石炭、11%は水力（発電量）であり、石油はほとんど使用されていなかった。第二次世界大戦前から民生部門でも石油、天然ガスの利用が広まっていた米国を除けば、欧州主要国英、独、仏でもエネルギー供給の主体は国内から産出される石炭だった。

水力発電から火力発電へ

主要な発電設備も石炭火力と水力発電だった。1950年時点での日本の電力供給を担っていた北海道から九州までの9電力会社の総発電量は392億kWh、今の発電量の4%程度しかなく、そのうち82%を水力発電が占めていた。残りは石炭火力発電だった。水力発電所の建設費用は火力発電所よりも高くなるが、一度建設すれば燃料費は不要であり、価格競争力のある電気を供給可能だ。

ただし、水力発電所が建設可能な場所は限られており、全国の水力発電所の適地が開発された後、電力需要量が増える場合には、火力発電所を建設し供給を行う必要があった。経済発展が著しかった米国では、1950年の時点で総発電量は3241億kWh、今の8%の発電量だったが、水力発電設備による供給は30%弱に留まり、石炭火力発電が48%を占めていた。石油火力と天然ガス火力も、それぞれ10%と11%を供給していた。

日本は、1960年代から1970年代にかけ大きな経済成長を遂げるが、その過程でエネルギーと電力消費量も急増した。経済成長前まで日本のエネルギー供給の柱だった国内の石炭の生産量も、採炭条件の悪化と安価で扱い易い石油との競争に直面し、1961年の年産5541万トンをピークに急激な減少に転じた。石炭の生産量が減少する中でエネルギー供給の主役に躍り出たのは、第二次世界大戦後生産量を大きく伸ばしたサウジアラビアなど中東産の石油だった。

エネルギー安全保障を学んだ「石油危機」

1973年に第四次中東戦争を契機に第一次石油危機が起きた。世界の主要国が中東産の競争力のある石油への依存を高めていた中で、中東の産油国はイスラエルを支援する国への原油の供給を中断し、数カ月間で原油の価格を4倍に引き上げた。日本の一次エネルギー供給の

75％強は石油になっていたことから、エネルギー節約のため、テレビの深夜放送の中止、銀座のネオンサインの消灯などの対策が行われる事態になった。

高度成長期に日本の電力需要も伸びた。1960年に1000億kWhを超え、1965年には1433億kWhに達するが、依然として水力発電が最大の電源であり、553億kWh、石炭火力が488億kWh、石油火力が368億kWhを供給していた。その後の経済成長は電力需要を大きく伸ばし、1973年の石油危機時点では、石油火力の発電量が2444億kWhに達し、全発電量3275億kWhの4分の3を占めていた。石炭火力発電所から価格競争力のある石油火力への燃料転換も行われた結果、石炭火力の発電量は201億kWhに落ち込んだ。

石油危機はエネルギー安全保障の重要性を学ぶ機会になり、主要国は脱石油のため供給の分散に踏み切る。石油価格の上昇により、採炭条件がよく政治的に安定している米国、カナダ、豪州などの石炭は国際市場において競争力を持つことになり、欧州主要国と日本は発電、セメント製造用などに石炭の輸入を開始した。さらに、天然ガスを液化し体積を縮小した液化天然ガス（LNG）の利用が本格化した。米日仏英独などは原子力発電の本格利用にも乗り出した。

分散を進めた結果、今の電力供給はどうなったのだろうか。それについては第2章で説明したい。

150年変わらない発電方式

発電効率はなかなか上げられない

エジソンの発電機は石炭を燃料としていたが、石炭を燃やしてどのようにして発電するのだろうか。燃料を燃やして水を水蒸気にする。その水蒸気でタービン（羽根車）を回し、タービンにつながっている発電機が電気を作る（図表1−1）。水蒸気の力を利用する汽力発電と呼ばれる、火力発電の方式の一つだ。今の発電方式もエジソンの時代とまったく変わっていない。

もちろん、エジソンの時代と比較すれば、設備の改善があり燃焼効率は上昇しているが、今でも通常の火力発電であれば、使用したエネルギーの半分以上は熱として失われる。熱を利用する設備が近くにあれば熱の有効利用が可能だが、そんなケースは多くない。

使用する燃料が、石炭から石油、天然ガスと広がったことによりコンバインドサイクルという新しい発電方式も登場した。図表1−2の通り、まずガスタービンを回し、余った熱で水蒸気を作りタービンを回す仕組みだ。この方式の最新設備であれば発電効率は60％になる。コンバインドサイクルで使用する燃料はＬＮＧが主体だが、石炭を利用する石炭ガス化複合発電も実用化されている。

原子力発電も登場したが、原子力の熱で水蒸気を作りタービンを回すので、水蒸気を作る燃料が火力発電と異なるだけだ。燃料を利用する発電の方式は石炭を利用していたエジソンの時代から変わっていない。地熱による発電も火山の近くの地下にある蒸気を利用し、タービンを回す。

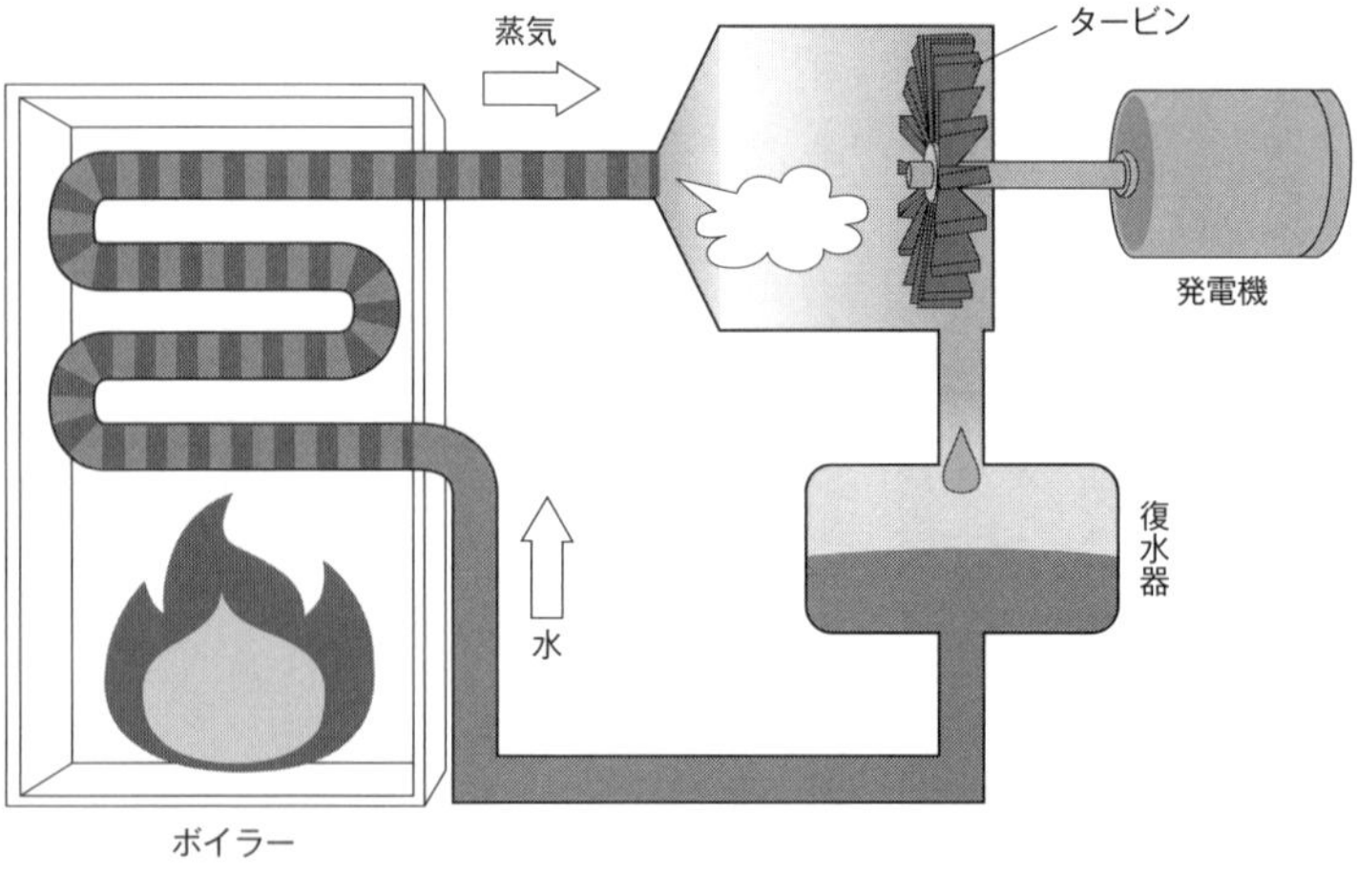

図表1-1　火力（汽力）発電　　出典：電気事業連合会

水力発電の方式もエジソンの時代から変わらない。水の位置エネルギーを利用し、水車を回し発電する（図表1−3）。風力発電は水でなく風の力で発電機を回す。エジソンの時代になかった発電方式は太陽光発電だ。光のエネルギーを電気に変え発電する（図表1−4）。

需要量と供給量は一致させなければならない

火力あるいは原子力発電設備は燃料がある限りは発電できるし、出力の調整も可能だ（ただし、原子力発電設備は日本では発電量を常に一定に保つ定格で運転されてい

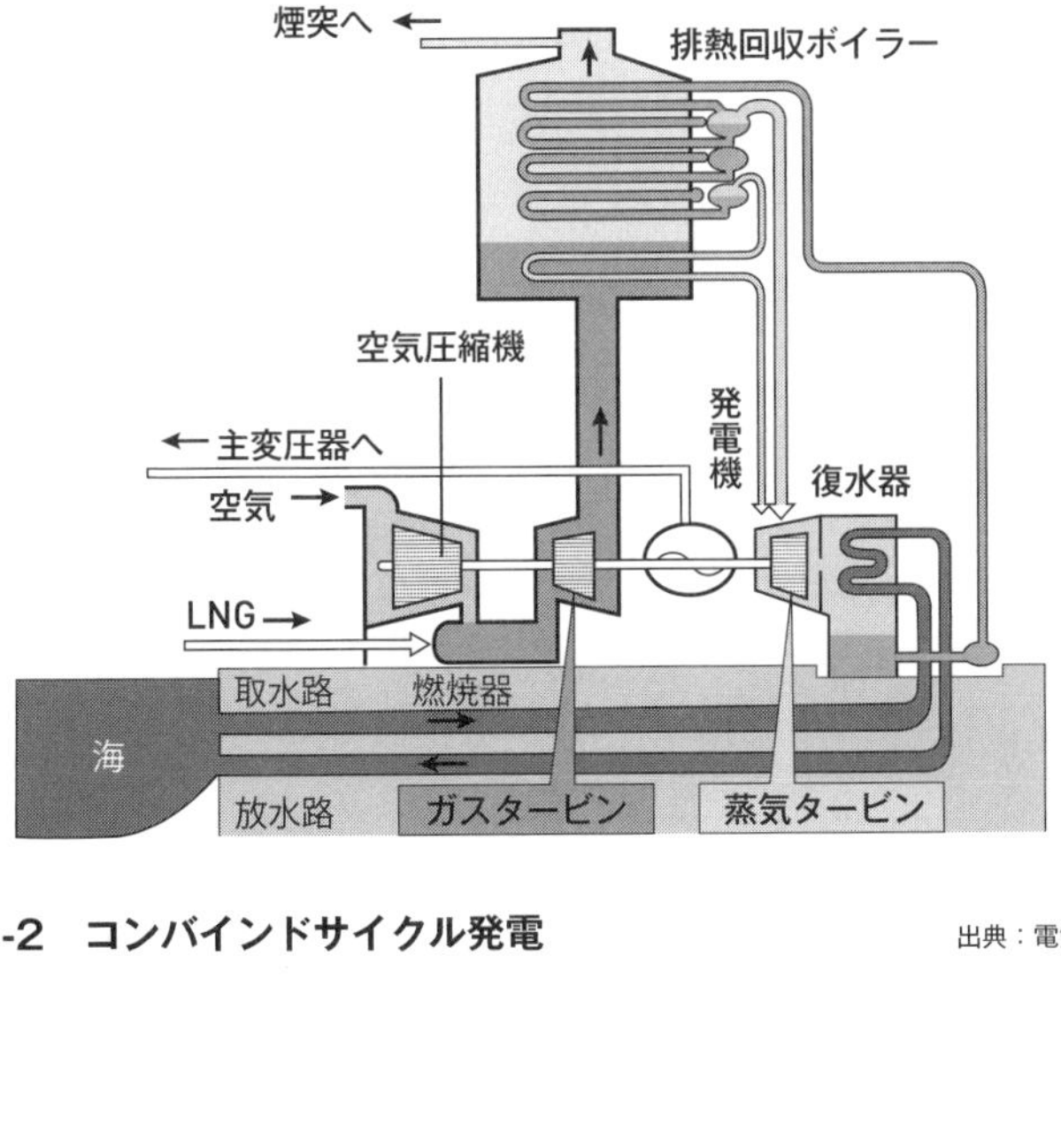

図表1-2　コンバインドサイクル発電　出典：電気事業連合会

る）。電気は需要がある時に必ず需要量と同じ量を発電しなければ（同時同量と呼ばれる）周波数が乱れ、最悪の場合には停電する。需要と供給量を一致させるため、大手電力が保有する送配電会社が24時間供給量を調整しているが、中には需要に合わせ調整ができない発電設備がある。

たとえば、太陽光発電設備は日が照ってなければ発電できない。風力発電設備は風が吹いていなければ発電できない。電力の需要は一年を通し、一日を通し変動する。夏と冬には冷暖房需要で需要量が増える。春と秋には需要量は減少する。夏の日には午後冷房需要がピークになる。一方、冬の一日では需要のピークは照明と暖房のため朝と夕方になる。

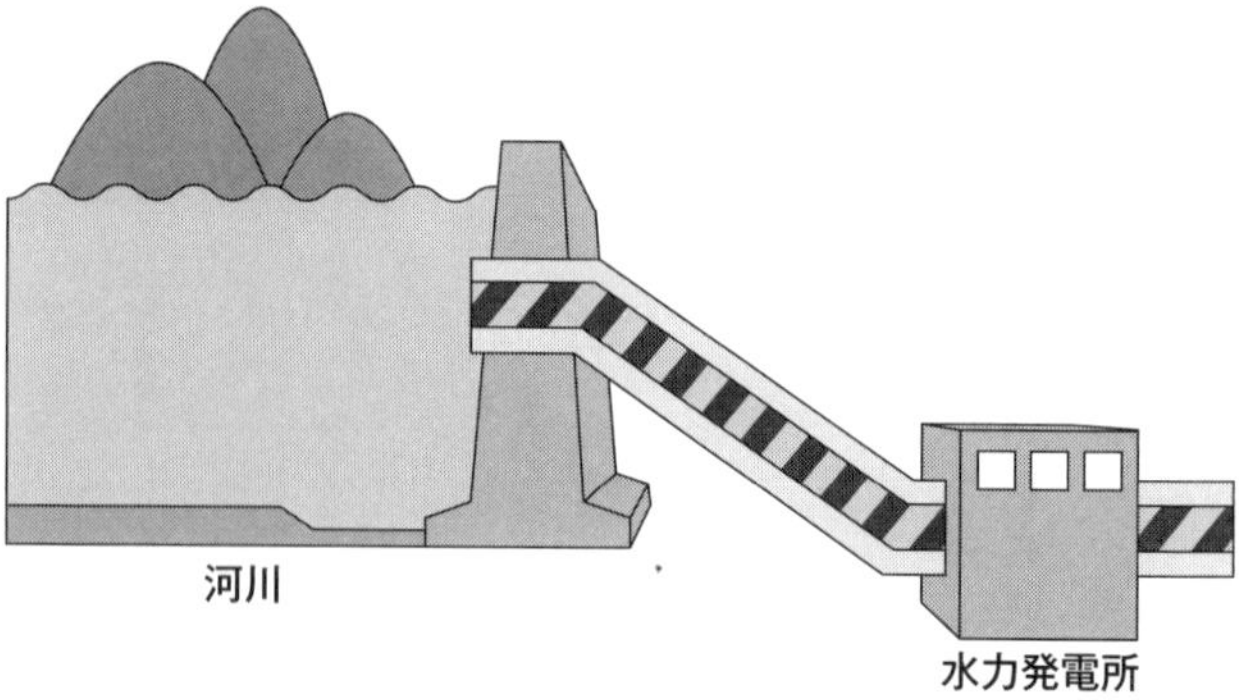

図表1-3　ダム式水力発電　出典：電気事業連合会

太陽光、風力発電は需要に合わせて発電できない設備なので、火力発電設備が供給の調整を担うことになるが、春あるいは秋の連休により工場などが停止し電力需要量が少ない時に、好天だと太陽光発電設備からの発電量が需要量を上回ることがある。供給量が需要量を上回っても停電する。

現在、太陽光発電設備の導入量が増えたので、日本のほとんどの地区でこの現象が発生している。供給過剰を回避するため太陽光発電の事業者に対し出力を制御する措置が取られている。太陽光、風力の需要に合わせ発電できない問題を回避するには大型蓄電池を導入し、需要がない時の余った供給量を充電にあて、供給量が少ない時に蓄電池を利用することだ。すでに米カリ

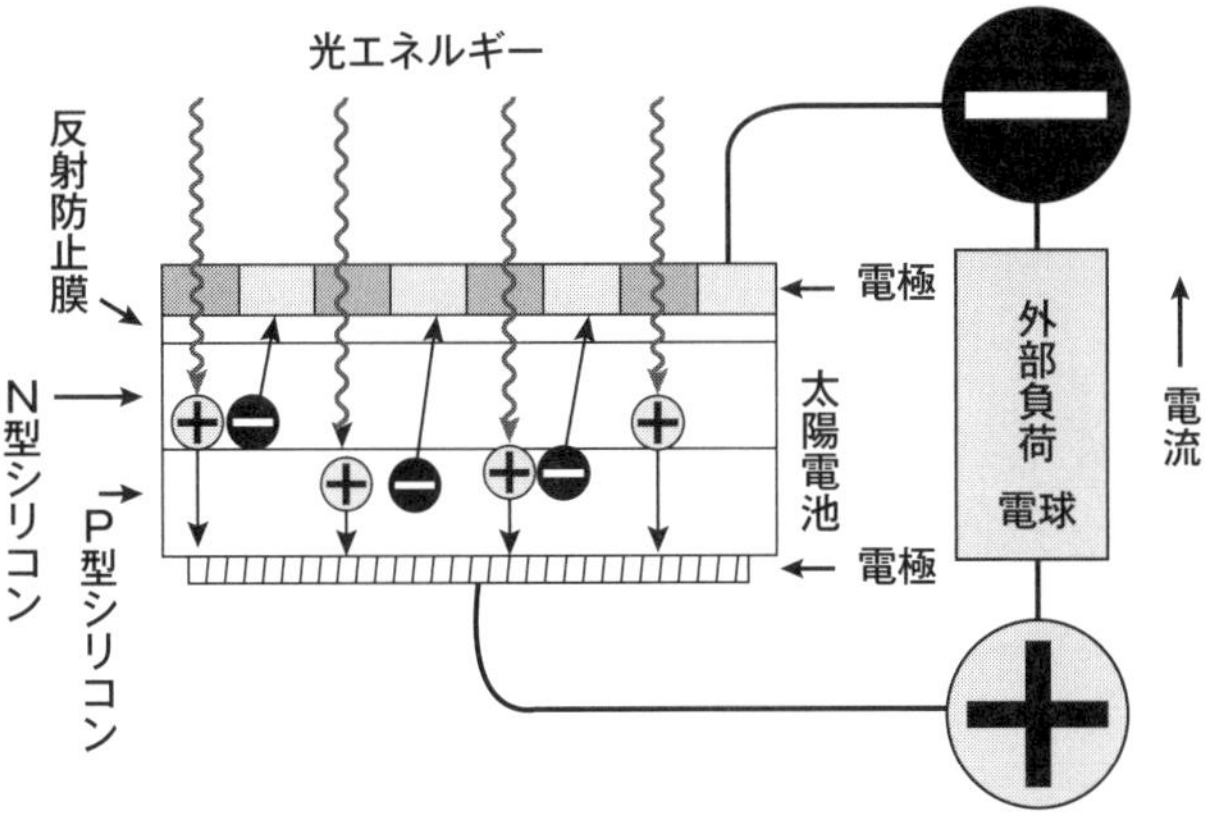

図表1-4　太陽光発電の仕組み　出典：電気事業連合会

フォルニア州、豪南オーストラリア州などでは導入が進んでいるが、蓄電池の価格がまだ高いので大規模な実用化はもっと先になる。

発電量を決めるのは利用率

自然条件次第の太陽光、風力発電設備の年間を通した利用率は、地域により異なるが、日本では太陽光発電で15％程度。陸上風力発電設備で20％台、洋上風力で30％台だ。

利用率が異なるので、同じ容量の設備でも同じ期間の発電量は異なる。100万kWの太陽光発電設備を原発1基分とする記事を時々見かけるが、同じ100万kWでも発電量は大きく異なる。100万kWの原発の利用率を80％とすると、年間の発電量は次の計算になる。

100万kW × 24時間／日 × 365日 × 80％ ＝ 70億8000万kWh

同じ設備容量の利用率15％の太陽光発電の発電量は、13億1400万kWhだ。原発1基分の発電量を太陽光発電設備で得るには5倍の500万kW以上の設備が必要になる。

太陽光発電には利用率が低い問題に加え、設備の設置に大きな土地を必要とする問題もある。

たとえば、1万kWの設備には約20ヘクタールの土地が必要だ。東京ドームの面積が約4・7へクタールなので、東京ドームにパネルを敷き詰めても、設備容量は2300kWだ。

原子力発電所1基分の発電量を得るためには、約6300ヘクタールという山手線内の2倍弱の面積が必要になる計算だ。2023年12月末時点での、日本全国の10kW以上の業務用太陽光発電設備の導入量は約5800万kWある。それだけで10万ヘクタールを超える土地を利用している。

太陽光発電設備は傾斜地、堤防などにも設置されており、火災あるいは防災上の問題も引き起こしている。地域によって住民による反対運動も活発化しており、設備には日照の良い広い土地が必要なことから、導入数量の増加が、今後政府の想定通り進むか疑問がある。

再生可能エネルギー（再エネ）発電設備の登場により、エジソンの時代にはなかった発電方式も新たに登場しているが、依然として発電の大半を担っているのは、水蒸気を作りタービンを回す方式でエジソンの時代から変わっていない。エネルギー、発電では大きなイノベーションは過去200年間起きなかったと言える。

発電の主力・火力発電の燃料調達

大量の水を必要とする汽力発電方式

世界と日本の発電の主流は依然として火力発電だ。火力発電で最も利用される汽力発電方式は、燃料を燃焼させ水蒸気を作りタービンを回す。水蒸気になった水は冷却され再度利用されるが、冷却水として大量の水が必要とされる。そのため、大きな河川、湖、海岸線に火力発電所は建設される。

原子力発電所も、火力発電と同じ方式、つまり蒸気を作りタービンを回し発電する。火力発電と同様に冷却水を必要とすることも変わらない。そのため、誤解する方もいる。大学の研究室に、温暖化問題について疑問があるので意見を聞きたいと主婦の方から電話がかかってきた。ある会合に参加したところ、「原子力発電は海水を冷却水として利用し温めるので、結果として海水温の上昇を招き、温暖化問題を悪化させる」と聞いたが、本当かとの質問だった。原子力は温暖化問題の解決に寄与すると思っていたが、そうではないのかとの疑問だ。むろんこの説明は間違っている。

まず、火力発電でも海水を冷却水として利用していることを伝えると、電話の向こうで絶句している様子が伝わってきた。まったく、知らなかったようだ。大きなプールにスポイトでお湯を一滴たらしても温度上昇がないのと同じく、海水の量は発電所の冷却水と比べようもなく大きいので、発電所の温排水で温度上昇はないと説明したところ、納得されたようだった。

むろん、燃料が必要になるので、燃料供給も重要だ。日本でも、海外でも石炭が発電所の主要な燃料の時代には、発電所は炭鉱の近くで水を利用できる場所に建設された。固体の石炭の輸送費は高いので、輸送コストを抑制するため発電所を炭鉱の近くに建設した。たとえば、日本では北海道の内陸部、空知地方の歌志内、夕張、赤平、砂川などにかつて多くの炭鉱があり、隣接地に石炭火力発電所が建設された。北海道電力の砂川火力発電所（12万5000kW×2基）は依然維持されている。

欧州でも石炭火力発電所は炭鉱の隣接地に建設されたが、地質条件に恵まれた低コストの炭鉱が多くある米国では、石炭を鉄道、あるいはミシシッピ川とその支流を利用し、はしけでコストをかけ輸送しても、発電所着価格は十分競争力を持ったので、ミシシッピ川沿いなどに石炭火力発電所が建設された。

火力発電は国内炭から輸入炭へ

１９７３年の石油危機を経験した日本と欧州主要国は、それまでの国内の石炭に加え、輸入された石炭を利用するようになった。原油価格の上昇が石炭に価格競争力を付け、海上運賃を負担しても割安になった。加えて、欧州主要国、ドイツ、英国、フランスの炭鉱では、採炭が進むにつれ自然条件が悪化し生産数量が落ち込んだ。

日本の状況も同じであり、１９６１年に石炭生産量がピークを打った後、生産量は減少を続け、１９７３年には年産２０００万トンまで落ち込んでいた。１９７３年時点で石油火力への依存度が高かった電力各社は、脱石油と発電コスト抑制のため輸入した石炭を利用する海外炭火力発電所の建設を開始する。冷却水が必要なことと燃料を輸送する大型船接岸の必要性から発電所は全て沿岸に建設された。

日本の輸入炭火力発電所は、導入以来40年以上にわたり安定供給とコスト競争力のある発電を実現したが、課題も登場した。今、日本が輸入する燃料用の一般炭は70％以上がオーストラリアから輸入されている。政治、経済的に安定したオーストラリアは豊富な石炭の埋蔵量を持つ信頼に足るパートナー国だが、問題がある。

一つは、オーストラリア内でも採炭条件の良い輸送条件に恵まれた炭鉱が少なくなっていることだ。さらに、大きな問題は脱石炭の動きだ。CO_2排出量が化石燃料の中で最も多い石炭は、オーストラリアでも将来性のない産業と見られ就職する人が減少し生産に影響を与えている。日本向けの燃料供給に中期的に問題が生じる可能性がある。脱炭素、脱石炭の問題については、第6章で詳しく解説する。

米国のシェール革命が変えた世界のLNG市場

LNGが本格的に利用されるようになったのも、石油危機以降だ。天然ガスは、カタールなどの中東諸国だけでなく、マレーシアなどの東南アジア諸国、オーストラリアも輸出を行っており、供給地の分散につながった。天然ガスを零下162℃で液化し、容積を600分の1にするため大規模なプラントへの投資が必要とされるのでLNGの輸入には長期契約による引き取りが必要だ。

ＬＮＧ輸出基地への投資額は数千億円を超えるので、事業者は確実な収入の見通しがなければ投資できない。このため考え出された契約が"Take or Pay Contract"だ。通常の契約は"Take and Pay Contract"と呼ばれ、商品を引き取ったら支払いを行う。ＬＮＧの契約では、引き取った場合に支払うのは当然だが、約束した契約数量を引き取らなかった場合でも支払いを行う必要がある。大規模投資を支えるための契約だ。

世界のＬＮＧ市場を大きく変える出来事が２０００年代後半に起こった。第2章で触れる米国のシェール革命だ。固いシェール（頁岩）層の中に天然ガスと原油が閉じ込められていることは分かっていたが、商業的に取り出す方法がなかった。２０００年代後半に米国においてフラッキング（爆砕）法の商業的利用が進んだ。シェール層を水平に掘削した後、圧力をかけ水と化学薬品を流し込み割れ目を作り、天然ガスを取り出す方法だ。

この方法により、米国の天然ガスと原油生産量は飛躍的に増加し、天然ガス生産量はロシアを抜き、また原油もサウジアラビアを抜き、共に世界一となり、自給率は１００％を超え輸出国になった。２０１６年からはメキシコ湾岸からのＬＮＧ輸出も開始され日本向け供給量も増加しているが、２０２２年のロシアのウクライナ侵攻がＬＮＧ市場に大きな影響を与えた。

ロシア産エネルギー依存からの脱却を模索する欧州

欧州連合（ＥＵ）27カ国は、天然ガス需要量の約９割を輸入している。ロシアのウクライナ侵攻前、輸入量の半分近くをロシアからのパイプライン経由の天然ガスに依存していた。需要量の約４割をロシアに依存していたことになる。石油も石炭も需要量の約25％をロシアに依存していた。

ロシアのウクライナ侵攻後、ＥＵ諸国はロシアに戦費を渡すのを避けるべくロシア産化石燃料の輸入削減に乗り出した。２０２２年８月に石炭、12月に原油の輸入禁止に踏み切ったが、依存度が高かった天然ガスの禁輸には踏み切れずにいる。しかし、ロシア産パイプラインガスに代え、ＬＮＧの輸入量を増やしている。最も輸入量が増えているのは米国産ＬＮＧだ。

２０２３年のＥＵの天然ガス輸入量は、前年比約13％減少した。ロシアのウクライナ侵攻前からの比較では、ロシアからの輸入量は、７割以上減少している。２０２３年の輸出国別シェアではＥＵに参加していないノルウェーが約30％、米国が19％、カタールが約５％になっている。米国産ＬＮＧの供給量は、ロシアの侵攻前との比較では3倍に伸びた。

パイプライン経由のロシアのシェアは9％まで減少しているが、ロシア産ＬＮＧも6％のシェアを持っており、ロシア産天然ガスからの離脱の難しさが示されている。ロシア産ＬＮＧの輸入については、ＥＵ内でも禁止の議論が出ているが、踏み切れない状況だ。ＥＵの脱ロシア産天然ガス実現のカギは、ＬＮＧ輸出量世界一を争う米国とカタールからのＬＮＧ調達にある。カタールは、２０３０年までに今の輸出能力を2倍以上、米国も２０２８年までに2倍にする計画を明らかにしている。

日本と中国が今世界一のＬＮＧ輸入国の地位を争っているが、ＥＵが輸入国に加わることで需給環境に変化があり、価格が上昇する、あるいは供給に問題が生じる可能性もある。

複雑なのは、ロシアがエネルギー供給でも中国に接近していることだ。ＥＵが購入しなくなったロシア産石油は、主にインドと中国に輸出されている。インド、中国からＥＵに供給されている石油製品の中にはロシア産原油から精製されたものもある。シベリアからは中国向け天然ガス供給のパイプラインが敷設されているが、さらに新ラインも建設中だ。ＥＵがロシア産ＬＮＧ購入を打ち切れば、ＬＮＧの一部が中国に供給されるだろう。ロシアからの中国向け供給量が米国などからのＬＮＧ輸入量を左右し、市場も影響を受けるが、その度合いは不明だ。

いずれにせよ、日本のＬＮＧ在庫量は2週間程度であり、供給に遅れが出ると発電、電力供給に問題が生じる。

石油危機時点では日本の電力供給の75％を担っていた石油火力の供給シェアは今数パーセントになった。石炭、ＬＮＧとの比較では価格競争力をなくしてきたことが最大の理由だ。ただ、石油は入手が容易であり、石油火力は電力需要に合わせ稼働することが可能なので、夏季、冬季の電力需要増大期の発電源として活用されているが、設備が減り供給に影響が生じている。

２０１６年の電力市場の完全自由化以降、年間に数週間しか稼働しないため発電事業者の費用負担が大きくなる石油火力の閉鎖が続いている。電力需要期に供給可能な発電設備の減少は、停電危機に結び付いている。この問題については第5章で触れたい。

電気は大量に安く発電し、送電しなければならない

海洋での発電はそもそも実用化が困難

市民の方を対象に講演させていただく際に、会場に来られている方から海洋での発電に関する質問を受けることがある。日本は海洋に囲まれた国なので、海の力で発電すれば良いのではとの質問だ。テレビのニュースなどで海水温度差の利用、波の力、潮の満ち引きによる発電などが取り上げられることがあるので、番組を見られた方は海洋の力で発電できると思うのだろう。

海洋に加え、ニュース番組では人の踏む力での発電も取り上げられることがある。たとえば、鉄道の改札の前に発電装置を置き、人が通ると発電する様子が放映された。アルミの廃棄物か

ら水素を取り出し発電する様子が取り上げられたこともある。海洋を利用するのと同じく、CO_2を出さない温暖化問題の解決に寄与する方法だ。発電することは可能だが、大きな問題がある。一つは、発電量だ。もう一つは発電のコストだ。報道で取り上げられる発電方式の実用化を阻む大きな壁だ。

発電量を表す時に、何世帯分の使用量に相当すると聞けば、大きな量のように思える。たとえば、1万世帯分の電力消費分を発電すると聞くと、大規模な発電を行っているように思う。1万世帯が1年間に消費する電力は3000万kWhなので、大変な電力量には違いないが、日本の発電量は年間に約1兆kWhあるので、0・003%に過ぎない。平均的な原子力発電所1基が年間に発電する量は70億kWhなので、230万世帯が消費する電力量に相当する。電力を多く使用しているのは、家庭よりも製造業、あるいは業務部門と呼ばれるオフィスビル、病院、学校、ショッピングモール、デパートなのだ。

海洋の力、あるいは人の踏む力などの発電量は、非常に小さいものだ。せいぜい浮き灯台や、電灯をつけることはできても、それ以上の発電量を得て実用化することは現在の技術では簡単ではない。

加えて、発電コストの問題がある。エジソンの時代から火力発電が150年間主役を担っているのは、電気を安く大量に作ることができるからだ。電気を作る方法はさまざまだが、安く、大量に発電することが求められている。海洋での発電が主力になるには大きな技術革新が必要になる。

燃料調達に発電コスト……どの発電方式にも課題がある

火力発電設備は燃料調達という大きな課題を持ち、CO_2も排出するという欠点もある。海洋での発電のように、水力、地熱などの他の発電方式にも課題がある。

発電事業の初期から建設された水力発電は水の位置エネルギーを利用し水車と発電機を回すが、水がなければ発電できない。川の途中に設置される流れ込み式では、川の水量が少ない時期には発電量も影響を受ける。ダム式では、乾期に貯水量が減少した時に発電量も影響を受ける。

ダム式の水力発電では、電力の需要がない時には貯水に努め発電を行わず、需要がある時に備えることも可能だ。水力発電の大きなメリットは、CO_2を排出しないことだが、日本では水力発電の適地はほぼ開発が行われており、これから大型の設備を建設可能な適地はなくなっている。

水力発電では揚水式と呼ばれる大きな蓄電池と言える方式も利用されている。太陽光発電設備などからの発電量が需要量を上回る際に、余った電気でモータを回し下池の水を高い位置にある上池に揚げておき、電力需要が多い時に上池の水を落としモータを発電機として利用し発電を行う方式だ。再エネの電気を有効活用できる設備だが、設置する費用は大きく、発電コストも高くなる。

日本では揚水発電所の適地も少なくなっているが、北米、豪州では多くの適地がある。再エネ設備導入により大きな蓄電池である揚水発電への需要は高まっているが、適地がある北米、豪州でも建設が簡単に進まない事情がある。北米水力発電協会の担当者は次の問題を指摘している。

「建設に時間がかかることが大きな課題。大規模土木工事になり、建設期間は最低でも3、4年はかかる。その間に、蓄電池の性能は改善するはずであり、蓄電能力が向上し、価格が下がる可能性がある。完成時点では、大型蓄電池に競争力があり揚水発電設備の利用者が少ないかもしれない。将来の収益性が不透明なため建設は進まない」。

火山の近くには高温の蒸気の溜まりがある。この蒸気を取り出し直接タービンを回すのが地熱発電だ。CO_2を排出せず、安定的に発電ができる上、火山が多い日本には地熱の適地が多くあるが、適地の8割は開発が困難な国立公園内とされている。調査と設備への投資額が大きく、運転中に蒸気の噴出が止まる可能性、また近隣の温泉に影響するリスクもあり、すぐに多くの地熱設備が建設される状況ではない。

バイオマスは一般的にあまりなじみのない言葉かもしれないが、生物資源を指す。よく使われるのが、木質バイオマスと呼ばれる木片、ペレット（おがくずなどを固めたもの）を燃料とする発電だ。植物は成長の過程でCO_2を吸収し炭素を体内に残し、酸素を排出する。木を燃やしても大気中から吸収したものを戻すだけなので、大気中のCO_2は増えない。

生ごみ、動物の糞尿から天然ガスの主成分であるメタンガスを発生させ、ガスエンジンなどを利用し発電する方法もある。欧州では日本と異なり生ごみを焼却せず埋め立て処分することが多く、発生するメタンガスを利用し発電する。オーストリア、ドイツなどの欧州諸国では、地域の熱供給あるいは発電でバイオマスも広く利用されている。

日本では欧州よりも山地が急傾斜であることが多く、植林の際に間引きされる間伐材などを需要地に運ぶコストが高くなる問題がある。廃棄された建材を利用する際には建材に付着した塗料などが燃焼時にトラブルを引き起こす。欧州では鶏糞を木質バイオマスと混ぜ燃料とし発電しているが、バイオマスの利用では安定的に競争力のある燃料を調達することが課題だ。再エネの中の太陽光、風力発電については、第5章で説明する。

電気がわれわれのもとに届くまで

発電された電気はどのように運ばれ家まで届くのだろうか。発電所で作られた電気がそのまま家に来ているわけではない。発電された電気は、送電ロスを防ぐため高電圧で送電されるのは、先に説明した通りだ。

発電所からは50万ボルトあるいは27万5０００ボルトで送電される。発電所の近くでは高電圧の送電線を支える高い鉄塔を見かける。高電圧の送電は放電により周囲への影響を及ぼすことがあるので、鉄塔は60から80メートルの高さが必要とされる。

さらに何カ所かの変電所を通し電圧が６６００ボルトまで下げられ、電柱の上にある変圧器により家庭用に１００ボルト（２００ボルトで使用する電気自動車〈ＥＶ〉の充電器などがある場合には２００ボルトも）にされ、配電線により家庭に送られる。

工場、大規模マンションなどは送電線から高圧の電気を導入し、所内の変圧設備で必要な電圧に下げ利用している。高圧の電気料金は低圧の家庭用よりも安くなるので、マンションなどでは高圧で購入し変圧のうえ各家庭に配電することで電気料金を下げることも可能になる。

日本では東日本と西日本で周波数が異なるので周波数変換所を通して、全国の送電線は連結されている。本州と北海道、四国、九州も北本連携線、本四連携線などが利用され、地域で災害などにより供給力が不足する事態になった際には、隣接地域から電力融通が行われる。

たとえば、２０２４年1月の能登半島地震では、北陸電力の主力電源・七尾大田石炭火力発電所の石炭の荷揚げとボイラーへの給炭設備が大きな被害を受け発電できなくなったが、北陸地方は、大規模停電を免れた。福井県にある関西電力の原子力発電所は地震の影響を受けず稼働していたので、電力融通が可能だったからだ。災害に備え、必要なことは、多様な電源を保有しておくことだろう。

エジソンの時代から変わらない発電方式

➡１８８２年に**トーマス・エジソン**が、ニューヨーク・マンハッタン島南部にて**世界初の発電事業**を開始した。エジソンの発電機は**直流（ＤＣ）**だったが、エジソンの部下だったニコラ・テスラが進めた電圧の変換が簡単で長距離の送電に適した**交流（ＡＣ）**発電機が主流になり、広まった。

➡日本の**周波数（ヘルツ）**は、電力事業発足の際の発電機導入の経緯から、糸魚川から富士川を境界に、**西日本60ヘルツ**、**東日本50ヘルツ**と分かれており、境界を越えて送電を行うため周波数変換所が設置されている。

➡**電圧（ボルトＶ）**、**電流（Ｉ）**、**仕事量（ワットＷ）**の間には次の式が成り立つ。

Ｗ＝Ｖ×Ｉ　１kW＝１０００Ｗ

９００Ｗの掃除機を20分間使用すれば、

９００Ｗ×20分／60分（１／３ｈ）＝３００Wh＝０・３kWh

電気料金が１kWh当たり30円とすると掃除機使用の電気料金は9円になる。

➡家庭での電力の契約では**電流の大きさ（アンペア）**を選択することがある。家庭の電圧は１００Ｖなので使用可能な家電製品などの上限のＷが決まる。

➡１９５０年代まで、日本の発電の中心は**水力**と国内産の石炭を利用する**石炭火力**だった。１９６０年代からの経済発展により**石油火力**が利用されるようになり、主力の発電設備になったが、1973年の**第一次石油危機**により**脱石油**が進められ、海外からの**輸入炭**を利用する**石炭火力**、液化天然ガス（LNG）を利用する**LNG火力**、**原子力発電所**が建設され発電の主体を担うようになった。

➡発電の中心になっている火力発電の方式は、**エジソンの時代から変わらない**。燃料で水から蒸気を発生させタービンと発電機を回し発電する。原子力発電でも原子燃料を利用し蒸気を作る。地熱は地下の蒸気を利用する。

➡**発電設備の容量**と**発電量は異なる。**たとえば、日照による発電なので設備の利用率が15％に留まる太陽光設備と利用率が80％の原子力発電設備の発電量は、同じ100万kWの設備容量でも次のように計算され、大きく異なる。

太陽光発電設備では100万kW×24時間／日×365日×15％＝13億1400万kWh

一方、原子力発電所では70億8800万kWhになる。

➡発電方式には、火力、水力、原子力などに加え、潮の満ち引き、海水の温度差、バイオマス（木片などの生物資源）、風力、太陽光など多様なものがあるが、**大量に**、**安定的に**、**競争力のあるコストで発電可能**なことが重要だ。

➡発電された電気は、**送電ロスを少なくするため**発電所から最高50万ボルトの高圧で送電され、変電所で徐々に電圧を下げ、最後には電柱の上にある変圧器により家庭用に100ボルトあるいは200ボルトまで下げられ、配電される。

第2章

世界と日本の発電事情

石油から再び石炭の時代へ

石油危機をきっかけに「脱石油」へ

1960年代からの戦後復興により西欧州と日本の経済成長が始まった。エネルギー需要も急増したが、旺盛な需要を支えたのは、主として中東から産出される石油だった。中東の石油の賦存は戦前から知られていたが、本格生産は戦後に開始された。価格は1バレル（159リットル）当たり数ドルだった。価格競争力に加え、それまでエネルギー供給の主力であった石炭との比較では、流体の石油は扱い易く、輸送も簡単だった。

しかし、1973年秋からの第一次石油危機により、石油の価格は数カ月間に4倍になり、しかも中東諸国は、親イスラエルの国には輸出を行わないとの方針も打ち出した。中東産の石油にエネルギーの大半を依存していた欧州主要国と日本は震撼し脱石油を打ち出した。

脱石油の柱の一つは石炭だった。石油との価格競争に敗れたことに加え、西欧州主要国のドイツ、フランス、英国では炭鉱の地質条件の悪化により、採炭コストが上昇したため、国内産石炭の減産が続いていた。日本の状況も西欧州とまったく同じであり、石油の供給増による石炭の需要減と採炭条件の悪化を受けた合理化計画に労働組合が反発し始まった１９５９年から１９６０年の三井三池争議を経て、石炭の生産量は５０００万トンを超えた61年をピークに急坂を転げ落ちるように減少が続き、１９７３年時点では年産２０００万トンまで落ちていた。

日本、フランスなどは国内産石炭生産数量の維持政策を打ち出したが、自然条件の悪化による減産を止めることは困難とみられた。石油を輸入していた主要国が脱石油のため目を付けたのは、採炭条件に恵まれた海外の炭鉱で生産される石炭だった。固体の石炭を海上輸送するコストは高く石油危機前までは経済性がなかったが、石油価格の急激な上昇により石炭は価格競争力を持った。

加えて、輸出可能な石炭を当時産出する国は、オーストラリア、米国、カナダ、中国、ソ連、南アフリカなど比較的政治的に安定している国が多かった。さらに、供給国が地理的に分散されていることも、輸入国に安心感を与えた。日本、欧州の主要国は燃料用石炭の輸入を開始した。

輸入国では石油を使用していた発電所のボイラーあるいはセメント工場のキルンの石炭への燃料転換が行われる一方、石炭を輸送する外航船を受け入れる港湾が整備されたが、設備の転換には数年が必要だった。日本では設備の転換に加え海外から輸入する石炭を利用した石炭火力発電所も新設され、１９８１年に1号機が長崎県にて運転を開始した。

第一次石油危機の後、１９７９年1月のイラン革命を契機に第二次石油危機が発生し、石油価格は１バレル当たり30ドルを超えるほど上昇した。その後１９８０年代半ばから１９９０年代にかけ石油価格は10ドル台となり長く低迷が続いたが、輸入炭の価格は常に石油価格に対し競争力を維持していた。価格競争力を持ち、安定的に供給される輸入炭を利用する火力発電所は、その後北海道から沖縄まで全国で相次いで建設された。

しかし、日本ほど石油への依存度が高くなかった欧州主要国においては、輸入炭を利用する石炭火力発電所の新設は行われなかった。輸入炭は、欧州主要国の国内炭の生産数量減を補うため既存の石炭火力発電所で利用された。既存の石炭火力発電所は国内炭鉱に隣接する内陸部に建設されていたので、輸入炭は荷揚げ後鉄道あるいは河川を利用するはしけで運搬された。

そのため、輸入炭は発電所の着価格では競争力がなく、輸入炭の利用は大きく広がらなかった。欧州では、国内の石炭生産量の減少もあり、老朽化した石炭火力発電所が２０１０年代に目立つようになり休廃止が進んだ。

石炭とLNGが火力発電の主力燃料に

輸入炭利用の石炭火力が欧州で建設されなかった理由の一つには、1970年に当時の西ドイツが、相互依存を深めることにより冷戦時の衝突を避けることを目的に、当時のソ連との間にパイプライン敷設による天然ガスの輸入契約を締結したことがあげられる。

米国は、エネルギー供給を政治体制が異なるソ連に依存することになるパイプライン計画に強く反対し、ソ連向けのパイプの輸出を禁止する事態となったが、西ドイツは自国製パイプをソ連に出荷し1973年に完成させた。このパイプラインガスは、西ドイツをはじめ欧州主要国に安価な天然ガスを供給することになり、天然ガス火力の建設を促進した。

パイプラインガスの輸入を行うことができない日本は、第一次石油危機前から、LNGの輸入を開始していた。LNGは天然ガスを零下162℃で液化することにより製造される。体積が600分の1になり、船舶による輸送が可能になる。

第一次石油危機以降も、経済が安定的に成長していた日本では電力需要も安定的に伸びており、輸入炭火力に加えLNG火力発電所が新設され、石炭とLNGが石油に代わり火力発電の主力燃料になった。

福島第一原発事故の前約30％の供給を担っていた原子力発電の発電量での比率が大きく落ち込み、今ではＬＮＧ火力と石炭火力がそれぞれ発電量の３割以上を供給している。石油火力を含めると化石燃料を利用する火力発電のシェアが7割を超えている。

ＥＵの２０２３年発電量実績では、原子力発電が約23％を担い、天然ガス17％と続くが、風力、水力、太陽光発電も合わせて39％を供給している。石炭火力の比率は12％だ。

現在ポーランド、ドイツなどが石炭火力を保有しているが、燃料の大半として国内産の石炭、褐炭を使用しており、日本の輸入炭使用の状況とは大きく異なっている。日本はＥＵと異なりＬＮＧで天然ガスを輸入しており、ロシアがウクライナ侵攻によりエネルギー危機を引き起こすまでは、ＬＮＧ価格はＥＵの天然ガスに対し価格競争力がなかった。

その状況下でも、日本の電気料金が欧州主要国との比較で競争力があった理由は、大型船の受け入れ設備を持つ石炭火力発電所での、主にオーストラリアから輸入される競争力のある輸入炭の利用にあった。

脱石油の切り札になった原子力発電

石油危機以降導入が進んだ原子力発電

日本と欧州主要国、フランス、ドイツ、英国、さらに米国などは、脱石油のため原子力発電所の建設を進めた。原子力発電所は、石油危機前から利用されていたが、一度燃料を装着すれば数年間利用可能なことから、国際エネルギー機関は原子力発電を国産エネルギーとカウントしているので、自給率に寄与する。国内のエネルギー資源に恵まれないフランスは燃料を海外に依存するリスクを回避するため原子力発電の開発に力を入れた。

第一次石油危機以降、主要国では欧米の原子力発電設備の導入が進み、旧ソ連、東欧諸国でもソ連製の原子力発電設備の建設が進んだ。脱石油の切り札として期待され、主要国の中で導入比率が最も高くなったフランスでは発電電力量の7割から8割を原子力に依存するまで導入が進んだ。化石燃料に恵まれる米国も、エネルギー供給の多様化を進め累計で世界一となる100基以上の原子炉が導入された。

原子力発電は、ウランの核分裂反応により発生する熱を利用する。熱エネルギーにより水蒸気を作り、タービンと発電機を回し発電する方法であり、水蒸気を作るために化石燃料ではなく原子燃料を使用する点が火力発電方式と異なる点だ。

天然ウランの大半はウラン237だが、0・7%だけ含まれるウラン235を取り出し、濃縮し燃料として利用する方法が主流だ。ウラン235に中性子を当てると原子核が二つに分裂し、中性子を放出する。中性子を減速材の利用で核分裂反応を持続させる臨界状態にし、熱エネルギーを得る。

ウラン235は少量でも大きなエネルギーを持つ。1グラムのウラン235の核分裂により発生するエネルギーは、石油約2トン、石炭約3トンに相当する。ウラン235を利用する原子力発電の原理が発見されたのは、第二次世界大戦開始とほぼ同時期のことだった。

1938年、ドイツの研究所においてフリッツ・シュトラスマンと1944年にノーベル化学賞を受賞するオットー・ハーンが、原子核分裂を発見し、核分裂によりエネルギーと共に放出される中性子が他のウラン原子核に吸収されると連鎖反応が起き大量のエネルギーが放出される可能性を示した。この予測はパリとニューヨークの研究者により確認された。

1939年にパリの研究者グループが、中性子の吸収材を用いることにより核反応を抑制することが可能なことを示した。これは原子力発電の基本的な考えとなった。1940年に英、米などの研究者が、核分裂反応の持続により核分裂を起こしやすいプルトニウムが生成されることを示した。また、英国のケンブリッジ、オックスフォード、リバプール大学などの研究グループは、原子炉が将来の平和利用において有望であるとしたが、第二次世界大戦により研究は原子爆弾製造に集中した。

戦後、1946年に米エネルギー省の下にアルゴンヌ国立研究所が原子力の平和利用研究を目的に設立され、1951年12月に実験原子炉の運転を開始した。1953年にアイゼンハワー大統領が、原子力の平和利用プログラムを提唱し、発電への利用のため大規模な研究が開始された。

蒸気発生の仕組みが異なるPWRとBWR

原子力発電はソ連でも研究が行われ、1954年6月黒鉛を減速材、水を冷却材として用いる５０００kWの世界初の原子力発電プラントが運転を開始した。チェルノブイリ型と呼ばれる黒鉛減速沸騰軽水圧力管型原子炉の原型だ。米国では濃縮ウランを燃料とし、普通の水（軽水）を冷却と減速に用いる加圧水型炉（ＰＷＲ）を潜水艦に用いる研究が進んだ。１９５３年3月に原型の炉が運転を開始し、１９５４年に原子力潜水艦が進水した。１９５７年に6万kWのＰＷＲがペンシルバニア州に建設された。

米国が西側での濃縮ウランの製造を独占していたので、英国は天然ウランを燃料に減速材に黒鉛を、冷却材にガスを利用する原子炉を開発し、１９５６年に5万kWの炉の運転を開始した。しかし、１９６３年以降建設はなくなり英国はＰＷＲの建設に乗り出した。

米国では１９６０年にウエスティングハウスが設計した25万kWのＰＷＲ炉が商業運転を開始した。一方、１９５７年にＧＥが設計した沸騰水型原子炉（ＢＷＲ）の原型炉が作られ、１９６０年に25万kWのＢＷＲ商業炉の運転が始まった。カナダにおいては、天然ウランを燃料に、重水を冷却材と減速材として利用する原子炉が１９６２年に操業を始めた。フランスは１９５９年に英国と同じくガス冷却炉の商業運転を始めたが、その後ＰＷＲの建設に路線を変更した。

原発事故が導入停滞を招いた

主要国で原子力発電設備導入が進んだ1970年代末1979年に起きた米国ペンシルバニア州の州都ハリスバーグ近郊の川の中州にあるスリーマイル島原発での事故により、米国での原子力発電所建設は中断する。1986年の旧ソ連（現ウクライナ）のチェルノブイリ（ウクライナ語でチョルノービリ）原発の事故は、欧州での原発導入の停滞を招くことになった。

スリーマイル島、チョルノービリの原発事故により、周辺には人が住めなくなったと元首相が講演で述べていたが、正しくない。スリーマイル島の周辺には今も多くの人が住み、すぐ近くにはチョコレートのテーマパークもあり、賑わっている。筆者はペンシルバニア州に住んでいた3年の間、何度かすぐ近くを通った。

チョルノービリから約100キロメートルのウクライナの首都キーウ（キエフ）に住んでいるウクライナ人も、筆者がお会いした限りでは、原発事故の影響を気にしている方はいなかった。日本人の駐在員で卵を食べないという方がいたが、現地のウクライナ人に聞いた限りでは食べ物への放射能の影響を誰も気にしていなかった。

米国も旧ソ連も事故のあった設備を廃止したものの、同じ発電所内の設備を含め全ての原発の運転を続けた。日本の福島第一原発事故との違いだ。運転を停止すれば操業の知見も徐々に失われる問題が発生する。

２０００年代になり、欧州では効率性が改善され、安全性が強化されたフランス電力公社（ＥＤＦ）の第3世代原子炉と呼ばれる欧州加圧水型炉（ＥＰＲ）の建設がフランスとフィンランドで開始された。米国でも２０１０年代にウエスティングハウスの第3世代炉ＡＰ１０００の建設が開始された。しかし、ＥＰＲとＡＰ１０００の建設現場では20年あるいは30年間の建設中断により現場の人材、技術が追いついておらず工期の遅れと工費の増大を招くことになった。

たとえば、２００5年8月に着工したフィンランドのオルキルオト3号機（１６６万kW）の臨界は21年であり、商業運転開発は２０２３年４月まで遅れることになった。２０１３年3月から建設が開始された米国ボーグル3号機（１２５万kW）の商業運転開始予定は、当初２０１6年だったが、運転開始は２０２３年7月まで7年間遅れた。同容量の4号機も２０１７年に予定されていた運転開始が２０２４年4月になった。当初2基で１４０億ドルとされた工事費は３００億ドルになったとされている。

世界一の原子力大国となる中国

米国、フランスから技術導入を行った中国が、欧州よりも、米国よりも早く第3世代の新型炉を完工し、運転を始めている。中国は2024年5月時点で27基の原発の工事を同時に進め、稼働している基数も56基となった。合計設備容量は5436万kW。建設中の設備容量は2897万kWだ。2021年の発電実績は約4000億kWhあり、中国の総発電量の約5%になる。継続的な建設と運転により、人材、技術を維持しており、遅れることなく建設している。中国は、既に日本とフランスを抜き米国に次ぐ世界2位の原子力発電大国だが、2030年代には米国も抜き世界一の原子力大国になるのは確実だ。

中国は、欧米技術を基にした原発設備の輸出にも力を入れており、既にパキスタンでは建設の実績を持っている。さらに、広域経済政策「一帯一路」を通し原発導入支援の融資条件の提示により輸出市場を開拓する戦略を取っている。

ルーマニア、ケニア、アルゼンチンなどと建設に関する覚書を締結していると報じられている。しかし、ロシアのウクライナ侵攻は、多くの国に独裁国家にエネルギーを依存するリスクを知らしめることになり、少なくとも欧州においてロシア製、あるいは中国製原発の導入を検討する国は、ロシアとの関係が深いハンガリーを除き皆無になったと言える。

ロシア・ロスアトム製設備の建設を計画していたフィンランドは、ロシアのウクライナ侵攻の翌月に契約破棄を発表した。英国政府は、フランスＥＤＦ（電力公社）と中国ＣＧＮ（中国広核集団）が共同で取り進めていたサイズウェルＣ原発建設プロジェクトからＣＧＮを排除し、英国政府が50％を支出することを決めた。設備はＥＤＦの１７２万kWのＥＰＲ‐１７５０が予定されている。

２０１１年の東日本大震災による福島第一原発の事故により、欧米でも建設再開の動きは再度停滞気味となったが、２０２２年の欧州発エネルギー危機を契機に、欧州諸国は自給率を高め、脱炭素にも貢献する原発導入に高い関心を示すようになった。米国企業を中心に開発が進む小型モジュール炉（ＳＭＲ）が注目を集めている。ＳＭＲは30万kW程度までの規模の原子炉であり、安全性と投資額の面で優れているとされる。

２０２４年3月現在、世界31カ国に４３７基の原発があり、総発電設備容量は3億９３００万kWある。そのうち約70％はＰＷＲ、約20％はＢＷＲであり、他の型式の炉は減少している。総発電量（２０２２年）は2兆６０００億kWh。世界の発電量に占める比率は９・２％。

エネルギーのロシア依存脱却を目指すEU

ロシアからのパイプラインガスに依存したEU

再度原子力が注目を浴び、原子力ルネサンスの言葉も聞こえるようになったが、その背景にあるのは、欧州エネルギー危機が引き起こした主要国の脱ロシア産化石燃料策だった。

2022年2月24日のロシアのウクライナ侵攻後、欧州諸国では電気、ガス料金が急騰しエネルギー危機と呼ばれた。背景には、ドイツを中心に欧州諸国が、競争力のあるロシア産化石燃料、特に天然ガスへの依存度を高めたことがある。加えて、欧州諸国の脱石炭の動きがロシア産天然ガス使用量を増やし、依存度をさらに高めた。エネルギー価格高騰の背景には、2020年からのコロナ禍が、化石燃料の需要量を減らしたため生産量の減少を引き起こし、コロナ禍からの回復に伴う需要増に対応できなかった遠因もある。

第二次世界大戦後、米ソ間で始まった冷戦に危機感を持った旧西ドイツは、旧ソ連との間でエネルギーを取引することにより相互依存関係を深めれば、戦争の回避につながると考えたが、この背景には、当時欧州においても存在感を高めていた米国を牽制する西ドイツの狙いもあったと言われている。

1973年の天然ガスの輸送開始後は、ウクライナ経由で敷設されたパイプラインがロシアから欧州向け輸送の中心になった。2006年と2009年に、ロシアとウクライナ間の天然ガス価格交渉が難航したことから、ロシアはウクライナ向け天然ガス供給を中断した。ともに厳冬期の1月のことだ。

当時ウクライナ経由のパイプラインは、欧州諸国にロシア産天然ガスの約90%を供給する主要ルートでもあり、欧州向け供給の大半も停止した。2009年の供給中断は10日間以上に及び、ロシア産天然ガス依存度が高い国を中心に、天然ガスで暖房を行う家庭も多いため暖房用燃料の手当ができず凍死者が出るとの報道も行われる騒動になった。

競争力のあるロシア産天然ガスに産業も家庭も依存するドイツは、ウクライナ経由の輸送に不安を覚え、ロシア産天然ガスの安定的な輸入を図るため、ロシアとの間で直接輸送を行う海底パイプラインの敷設に乗り出した。２０１１年に使用開始となったノルドストリーム１パイプラインに続き、ロシア依存度の高まりを懸念するフランスなど周辺国と米国の反対にもかかわらず、２０２１年にノルドストリーム２パイプラインを完工させたが、ロシアとウクライナ間の緊張の高まりを受け、ドイツ政府は、２０２２年２月のロシアのウクライナ侵攻直前に使用開始前に行われる完工検査の中止を発表した。２０２２年９月に２ラインの４本のパイプラインのうち３本が爆破され、使用不能になった。誰が爆破したのか依然分かっていない。

ＥＵ内での天然ガス生産量の減少もあり、ＥＵの天然ガス輸入比率は上昇を続けロシアのウクライナ侵攻前には９割近くに達した。そのうち50％近くをパイプライン経由のロシア産天然ガスに依存するようになった。第１章で触れたように、原油と石炭輸入においても、ロシアにそれぞれ約25％、約50％を依存し、化石燃料のロシア依存が高まった。

追い打ちをかけた脱石炭とコロナ禍

欧州諸国が温暖化対策として進めた脱石炭も、ロシア依存度を高める要因となった。２０１

0年代になり欧州西側諸国での石炭生産量が大きく減少したこともあり、欧州主要国は老朽化が進む石炭火力発電所の閉鎖を続けた。風力と太陽光発電設備の導入を進めたが、再エネ設備からの発電量では石炭火力発電量の減少分を埋めることができなかったので、天然ガス火力発電所の利用率を高め、ロシアへの依存度が高い天然ガスの使用量がさらに増加した。

2022年2月のロシアのウクライナ侵攻後、欧州諸国はロシア産化石燃料の削減を進め、ロシアは欧州諸国を揺さぶるため欧州向け供給量を削減した。その結果、需要と供給のバランスが大きく崩れ、ロシアのウクライナ侵攻以降、天然ガスを筆頭に化石燃料価格は高騰した（図表2−1）。石炭の価格が史上最高値まで上昇した理由は、欧州主要国の脱石炭にあった。脱石炭の動きを受け、欧州向けに石炭を輸出していた南アフリカ、コロンビアでは炭鉱への投資が落ち込んだ。米国ではシェール革命により天然ガス価格が下落し発電部門での石炭需要量が減少した。炭鉱も生産量を削減した。そんな中で、天然ガス価格の上昇に直面したドイツなどの欧州主要国は、天然ガス火力の利用率を落とし石炭火力の利用率を上昇させたので、石炭への需要も急増した。しかし、投資していなかった輸出国の炭鉱は出荷量を増やすことができず、石炭の価格も高騰した。その価格高騰を引き起こした原因はコロナ禍にもあった。

2020年からのコロナ禍下での欧米での都市ロックダウンにより、世界の燃料需要量は大きく落ち込んだ。たとえば、米国ではエッセンシャルワーカーと呼ばれる、医療、輸送、エネルギー産業などの従事者以外の外出は許可されず、工場、オフィスなどの電力需要が落ち込む一方、車、航空機の利用も燃料需要も大きく減少した。２０２２年４月には、米国の卸原油価格が史上初めてマイナスになった。需要がなく貯油の設備に空きがなくなり生産した原油を貯めることができなくなったため、貯油設備を持つならばお金をもらえる事態になった。コロナ禍からの経済の回復により需要は回復したが、開発投資の減少は生産量の回復を遅らせ、化石燃料価格の高止まりを招いた。たとえば、米国の原油生産量がコロナ禍前の２０１９年の水準に回復したのは２０２３年だった。

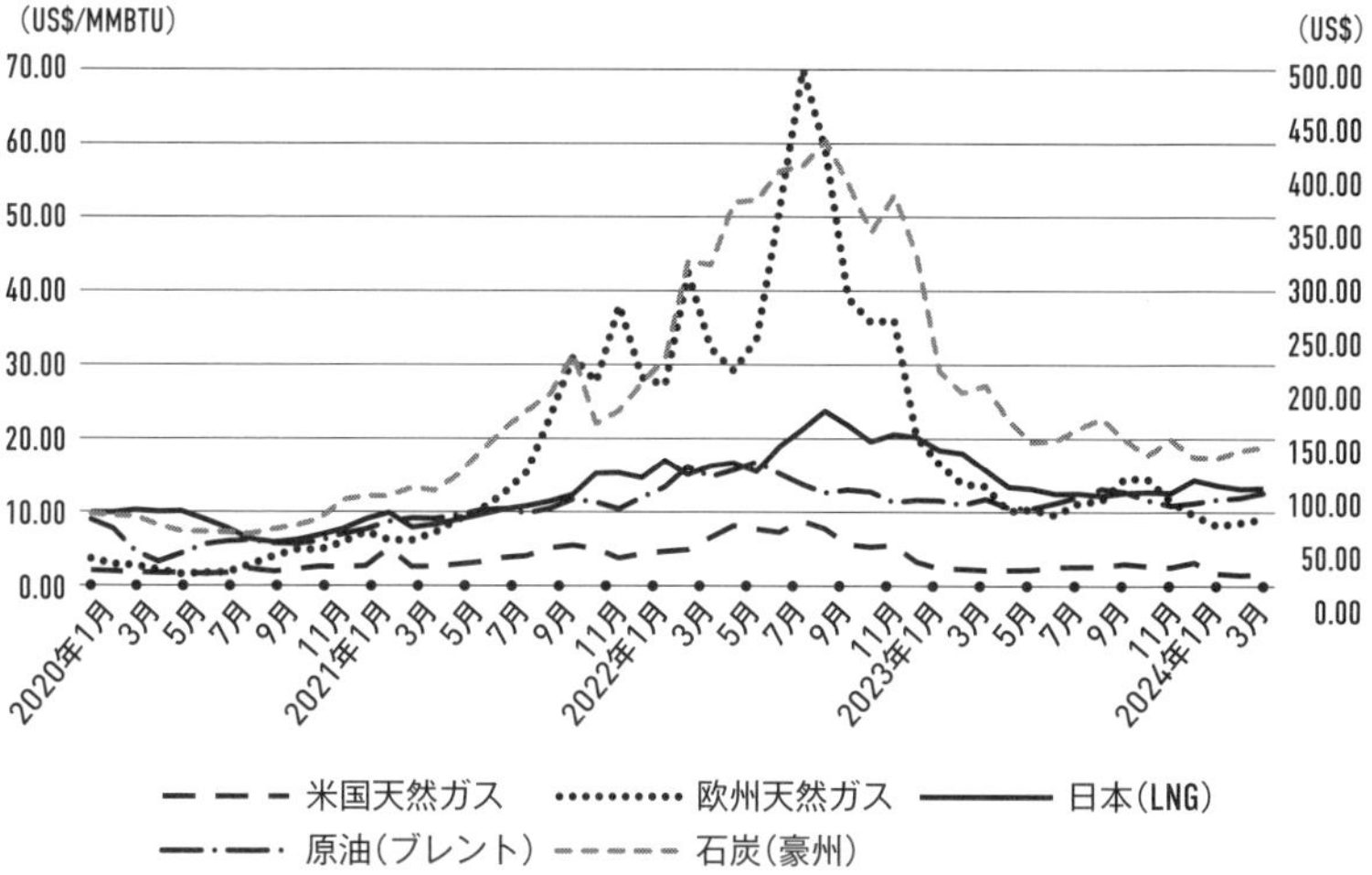

注：天然ガス・LNG価格は左軸、原油（バレル当たり）、石炭価格（トン当たり）は右軸
出典：世界銀行

図表2-1　化石燃料価格推移

ロシア依存度が高過ぎて禁輸できない天然ガス

欧州市場での天然ガスと石炭価格上昇は、欧州諸国の電気、ガス料金の大きな値上げを引き起こし、エネルギー危機と呼ばれる状況になった。消費者物価指数の中の指数でみると、天然ガスによる発電比率が高いイタリアの電気料金は２０１５年を１００とした場合２０２２年11月に４００を超え、ユーロ通貨圏20カ国の平均も１７５に達した（図表２-２）。

エネルギー危機に直面した欧州主要国は、一斉に脱ロシア産化石燃料、自給率向上の方針を打ち出した。ＥＵは２０２２年８月にロシア産石炭、12月にロシア産原油、２０２３年２月にロシア産石油製品輸入禁止に踏み切ったが、ロシア依存が高かった天然ガスについては、輸入量は減少しているものの禁輸できない状況にある。

ＥＵは短期的には米国、カタール産ＬＮＧと米国、豪州、コロンビア産石炭の利用で乗り切り、中期的には省エネを前提に、再エネと原子力を活用することにより、自給率向上と同時に脱炭素も達成することを狙っている。長期的には非炭素電源の電気と燃焼してもＣＯ$_2$を排出しない水素を主なエネルギー供給源にすることが目標になる。

ＥＵの目標を受け、２０２３年5月の主要国首脳会議（Ｇ７）広島サミットでは、Ｇ７国の目標として２０３０年までに「洋上風力の設備容量を１億５０００万kW増やす（現在２３００万kW）」「太陽光発電設備容量を現在の３倍の10億kWに」が掲げられた。２０２３年12月に開催された国連気候変動枠組条約第28回締約国会議（ＣＯＰ28）では、ＣＯＰ史上初めて決定文書で原子力発電の活用が謳われるなど、脱炭素、脱ロシアのための再エネ設備と並び原子力利用も世界の流れになっている。ＣＯＰ28の場では22カ国が２０５０年までに原子力発電設備容量を３倍にすることを宣言した。

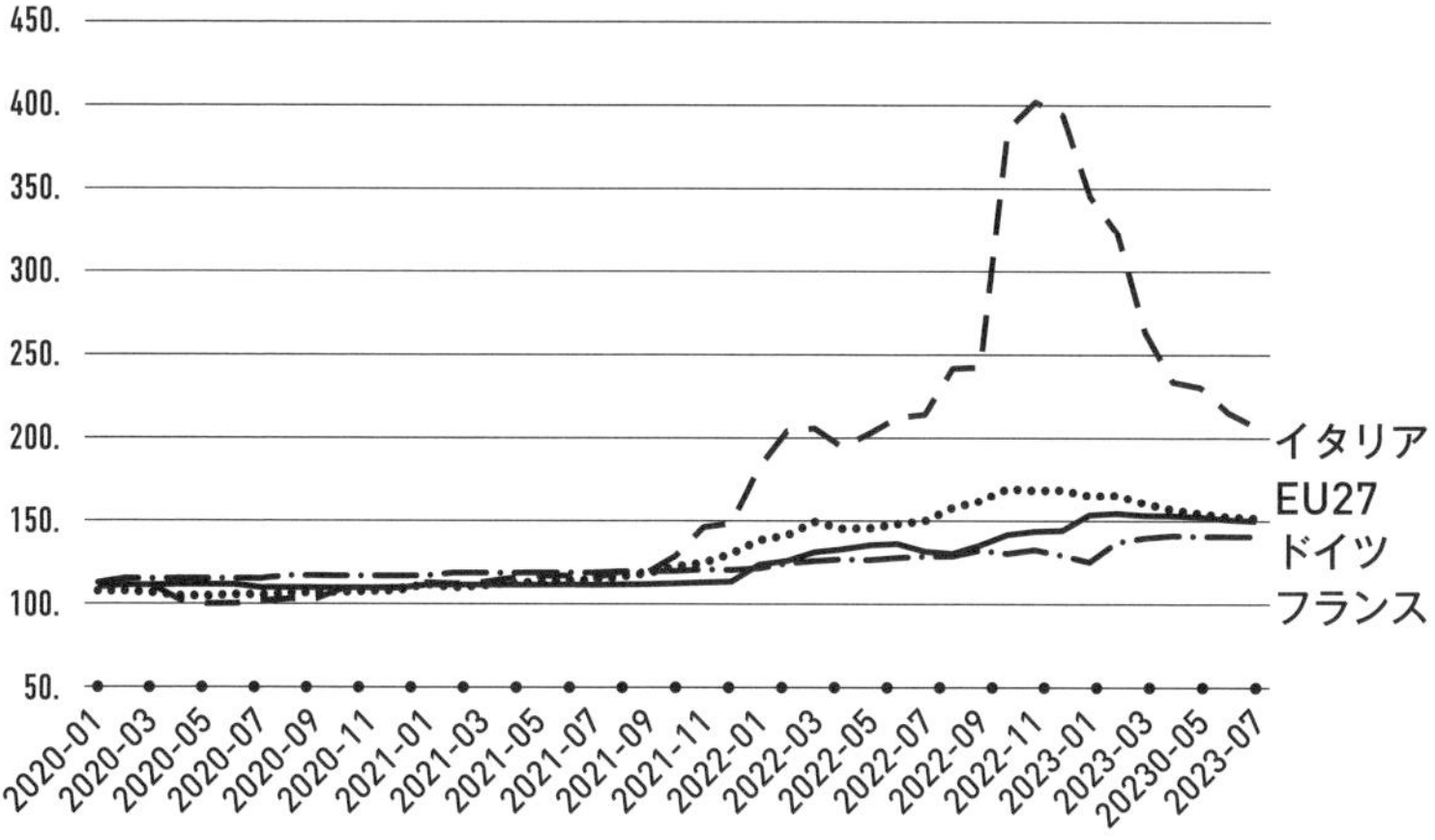

図表2-2　EU27カ国と主要国電気料金推移

注：2015年を100とする
出典：欧州統計

欧州の脱ロシア依存を支えた米国のシェール革命

高騰した天然ガスのスポット契約価格

欧州諸国は、全ての化石燃料の輸入においてロシア依存度を高めていたが、その中で最も問題になったのは需要量の約4割を依存した天然ガスだった。天然ガスは家庭、産業部門に加え発電部門でも重要な役割を果たしており、他の燃料への大幅な切り替えは困難だった。そんな中で、価格高騰を招いた理由の一つは天然ガス購入の契約形態だった。

欧州企業は、当初天然ガスを長期契約で購入していた。購入価格は、原油価格を参照する式により決定されていたが、2000年代に欧州企業は、相次いで天然ガスの購入契約の大半を長期契約からその都度価格と数量を決めるスポット契約に切り替えた。スポット契約価格が長期契約価格よりも安くなると考え、供給にも問題は生じないと見込んでのことだった。

この契約形態の変更により購入価格は下落していたが、2022年2月のロシアのウクライナ侵攻以降エネルギー危機が深まる中で、スポットの天然ガス価格は危機前の価格低迷時から数十倍にも高騰した。天然ガスの消費量削減を狙い、電力会社は、米国、コロンビアなどからの石炭輸入量を増やし石炭火力の発電量を増やしたが、脱炭素の動きを受け投資を抑制していた石炭会社は増産要求に応えることが難しく、燃料用石炭価格もコロナ禍の底値から10倍近い上昇を見せた。

日本の電力、ガス会社は、LNGの長期契約の一部をスポット契約に切り替えていたが、購入量の7、8割を依然長期契約に基づき購入しており、欧州エネルギー危機による天然ガス価格上昇の影響を欧州ほどには受けなかった。しかし、輸入している石炭価格は欧州市場と同じレベルの上昇となり、2022年に電気料金が影響を受け値上がりした。

欧州諸国は、ロシアに代わる天然ガス供給を得るため、中東カタール詣でを行う一方、シェール革命により生産、輸出量を大きく増やした米国産LNGへの依存を深め、米国はEU向け天然ガス・LNG供給でロシアの供給量を肩代わりする役割を務めた。シェール革命は米国の天然ガス、石油の生産量を大きく増やし、米国を天然ガスと石油の輸入国から輸出国に変えた。世界の化石燃料供給地図は大きく書き換えられた。

化石燃料の世界を変えたシェール革命

石油と天然ガスは、地層の中に閉じ込められていた元はプランクトンなどからなる成分が染み出し、背斜構造と呼ばれる山状の地形の上部に集まり鉱床となる。しかし、固いシェール層の中に閉じ込められた石油、天然ガスは浸みだすことはなく、閉じ込められたままだ。

シェール層の中の石油と天然ガスを採掘するため、試錐（ドリリング）の上、フラッキング（水圧爆砕）法と呼ばれる水と化学物質を高圧で送り込む手法が試されていたが、産出量が少なく経済性がなかった。２００４年にシェールガス開発の父と呼ばれるジョージ・ミッチェルが創業したミッチェルエナジーを買収したデボンエナジーが水平掘削とフラッキング法を組み合わせることにより商業生産に成功し、この手法は全米のシェール層からの石油と天然ガスの採掘に利用されるようになった。

米国のシェール賦存地域は、テキサス州のバーネット層、ペンシルバニア州中心のマーセラス層、あるいはノースダコタ州とモンタナ州のバッケン層など多くの地域に広がっている。

ノースダコタ州は、シェール革命が起きるまで全米で唯一人口が減少していた州だ。モンタナ州は日本より広い面積に人口は日本の1%以下だ。

シェール革命はバッケンシェールの中心地ウィリストンを狂乱状態に陥れた。失業率は1%を下回り、人手不足によりファストフード店のアルバイトの時給は20ドル（3000円）を超えた。全米から仕事を求め人が殺到した。仕事はあったが、宿泊する場所はなかった。アパートの家賃は、シリコンバレー、ニューヨークを抜き全米一になった。モーテルの宿泊料金もニューヨークのホテル並になった。

仕事はあったが、物価も狂乱状態になっており、稼ぐあてが外れ犯罪に走る人も出た。地元紙が犯罪の様子を伝えた。ランチのサンドイッチと飲み物を買い村のベンチに座り食べていると背中に拳銃を突き付けられ、人がいないところに連れていかれる。村のベンチに食べかけのサンドイッチだけが残される神隠しと報じられた。それほどシェールガスはブームになった。

シェールガス、あるいはオイルの採掘には大量の水が必要だ。たとえば、バッケンシェールの採掘では油井1本当たりトラック2000台分の水が使用される。そのため、シェールは大量の水が近くにある場所でしか採掘できない。

さらに問題がある。採掘した石油あるいは天然ガスを需要地に運ばなければならない。米国は幸い全米に天然ガスと原油のパイプラインがそれぞれ約50万キロメートル、約14万キロメートル敷設されている。

世界一のシェールの埋蔵量を持つ国は中国だ。米国のほぼ2倍の埋蔵量がある。アルゼンチン、アルジェリアの埋蔵量も米国を上回る。世界4位の埋蔵量の米国が、シェールガス・オイルの商業生産を世界で初めて実現したのは、挑戦し続けた米国企業の姿勢に加え、十分な水資源とインフラを持っていたからだ。米国以外の国は水資源とインフラの問題からシェールの埋蔵量をすぐに活かすことは難しい。

米国の発電源は石炭からシェールへ

2008年頃から石油と天然ガス生産量は増え始め、米国の石油生産量はサウジアラビアを、天然ガスはロシアを抜き世界一になった。一方、シェールガスの生産により米国の天然ガス価格は下落した。シェール革命は、米国の発電市場も大きく変えた。ハワイ州、あるいは再エネ導入を進めるカリフォルニア州など一部の州の電気料金は、日本を上回るが、全米平均の電気料金は主要国中最も競争力がある。低廉な電気料金を支えていたのは、国内産の石炭だ。

米国は東部にアパラチア炭田、中西部にイリノイ炭田、西部にパウダーリバー炭田などを持つ、中国、インド、インドネシアに次ぐ世界4位の石炭生産国だ。アパラチア炭田の多くの炭鉱はカロリーが高く、硫黄分が低い高品位の石炭を産出するが、大部分が坑内掘りであり採炭コストが高くなる。燃料用ではなく高炉製鉄のコークス製造用の原料炭が多いことが特徴だ。

イリノイ炭田、パウダーリバー炭田の石炭は、あまり品位が良くなく、高硫黄分あるいは低発熱量の問題がある。しかし、露天掘りであり、その採炭コストは極めて安い。米国の石炭火力発電所は、中西部、西部の品位は劣るがコストが極めて安い石炭を利用し発電を行っている。

石炭火力は、第二次世界大戦後長い間米国の発電量の約50%を担っていたが、天然ガス価格の下落により石炭から天然ガスへの転換が起きた。石炭は固体なので、炭鉱に隣接する発電所を除き鉄道、あるいははしけで輸送される。一方、パイプラインにより輸送される天然ガスは、シェール革命後発電所着価格で競争力を持つようになった。天然ガス火力の発電量が増加し2016年に米国の発電史上初めて天然ガス火力の発電量が石炭火力を上回った。2023年の発電実績では、天然ガス火力が43%を占め、石炭火力のシェアは16%まで落ち込んでいる。

2024年4月に環境保護庁が、石炭火力からのCO_2排出に関する規制値を発表した。実質的に2039年以降の石炭火力の利用を不可能にするとされている。大統領選による政権交代など不透明な要素はあるが、老朽化が進む米国の石炭火力の発電量はこれからも減少が続き、シェールに支えられる天然ガス火力がシェアを引き続き伸ばすことになる可能性が高い。

シェール革命でエネルギー輸出大国になった米国

エネルギー自給率も100%を上回り、米国は石炭、石油、天然ガスの純輸出国になった。米国の原油生産量は、1970年に日量964万バレルのピークを打った後、波を打ちながら減少を続け、2008年には500万バレルまで落ち込んでいた。シェール革命により生産量は急回復し、2018年に1000万バレルを超え、2023年には過去最高の1293万バレルを記録している。

天然ガス生産量は1971年に年産24兆立方フィートを記録した後、頭打ちとなり、1980年代には20兆立方フィート割り込むようになる。シェール革命により生産量は2000年代後半から増加傾向に転じ、2023年には45兆6329億立方フィートの過去最高を記録した。

シェール革命前には、天然ガス生産量が減少を続けていたので米国でもLNG輸入が必要になると考えられた。LNG輸入の可能性にいち早く注目したシェニエール・エナジーは、メキシコ湾に面したルイジアナ州サビンパスにLNG輸入基地を建設した。しかし、1990年代半ばから成長を続けていたLNG輸入量は、シェールガスの生産が本格化したため2006年を境に減少に転じた。

シェールガス生産量が大きく伸びる中で、シェニエール・エナジーは輸入基地を輸出基地に転換し、2016年5月輸出基地の商業運転を開始した。他社も主としてメキシコ湾岸に輸出ターミナルを建設し、現在では7基地、年間の輸出能力は約1億1000万トンになった。カタール、オーストラリアと並び、世界一を争う規模だ。

米国のLNG輸出は、当初日本、韓国、中国などの東アジア向けが中心だったが、EUがロシアからのパイプラインによる天然ガス輸入量の削減を開始して以降は、欧州向けが主体に変わった。EUの脱ロシア産天然ガスを助けたのは、シェール革命が作り出した米国産LNGだった。

発電量が落ち込む日本

米国の発電量を抜いた中国、日本の発電量を抜いたインド

今から40年前、1985年の世界の総発電量は9兆8861億kWh。日本の発電量は6720億kWhだった。世界の発電量に占める日本のシェアは6・8%。先進国の集まりであるOECD（経済協力開発機構）諸国が、世界の3分の2の発電を行っていた。経済成長前の中国の発電量は4107億kWhに過ぎなかった。

経済成長に伴い途上国の電力需要量が伸び始め、中国の発電量は1995年に1兆kWhを超え、翌1996年日本を抜いた。2010年には4兆kWhを超え、翌2011年米国を抜き世界一となった。2022年の発電量は8兆8487億kWhに達し、世界の総発電量29兆1651億kWhの

3割を占めている。インドの発電量も2011年に1兆kWhを超え、2013年に日本の発電量を抜いた（図表2-3）。

途上国の発電量が伸びる一方、OECD諸国の発電量の伸びは相対的に穏やかだった。世界の発電量は1985年から2022年に約3倍になったが、OECD諸国の発電量は6兆5641億kWhから11兆3573億kWhに1・7倍の伸びに留まった。非OECD諸国、途上国の総発電量がOECD諸国を上回ったのは、2011年だが、2012年から2022年の間の非OECD諸国の発電量は年率4・3%で成長したが、OECD諸国の成長率は0・3%に留まっている。

欧州主要国と日本の発電量の推移（図表

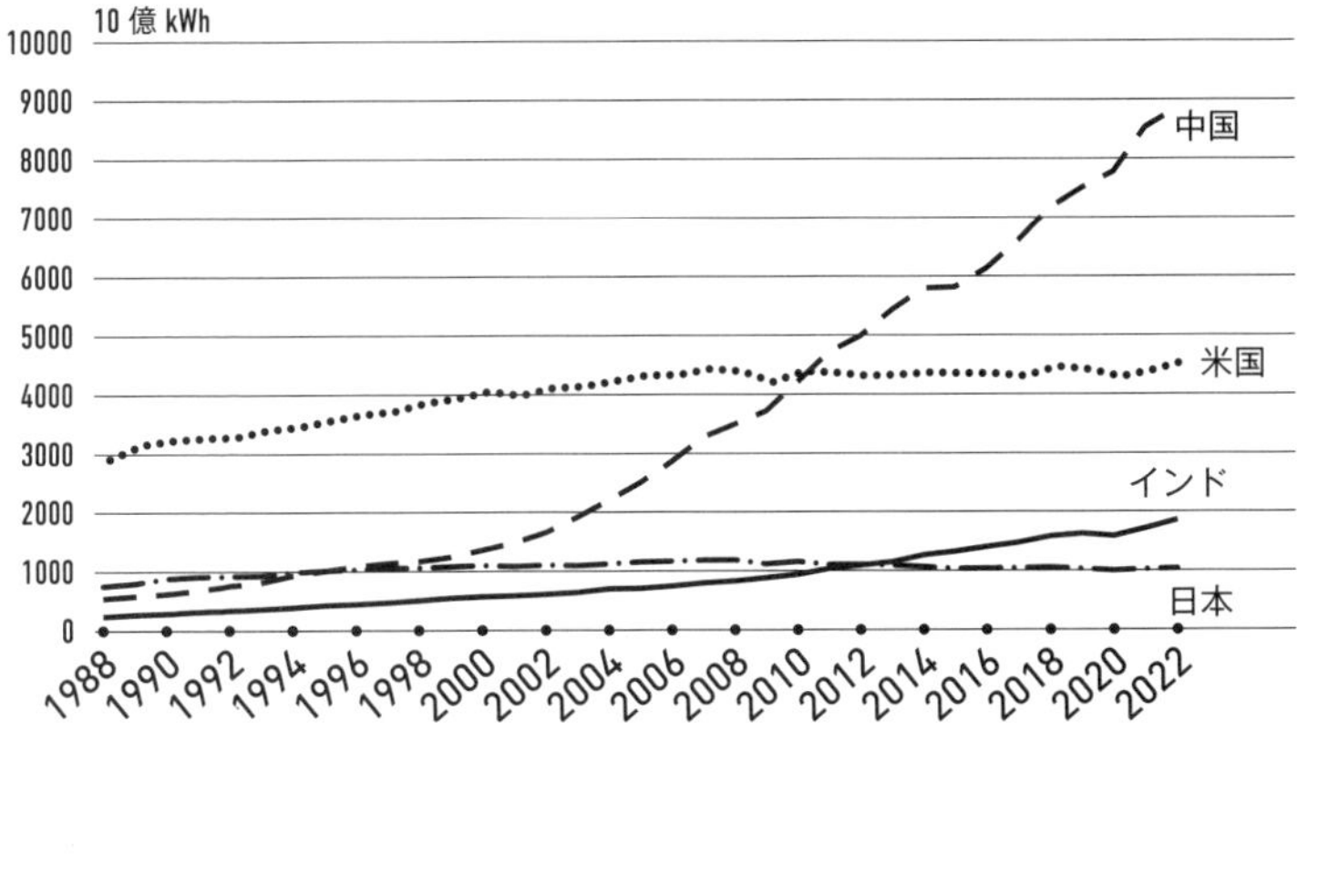

図表2-3　米中印日電力需要量の推移　出典：Our World in Data

2-4）を見ると、2010年代になり発電量が伸び悩み、全ての国で減少に転じている。省エネが進んだことに加え、中国などの途上国で電力消費が多い製造分野が成長し、先進国の製造分野にマイナスの影響を与えたことも影響しているのだろう。日本の電力消費量の落ち込みは主要国の中でも目立っている。省エネの効果も多少影響しているが、日本の製造業が力を失った現れとも思われる。

各国のエネルギー事情を反映する電化率

最終エネルギー消費に占める電力の割合

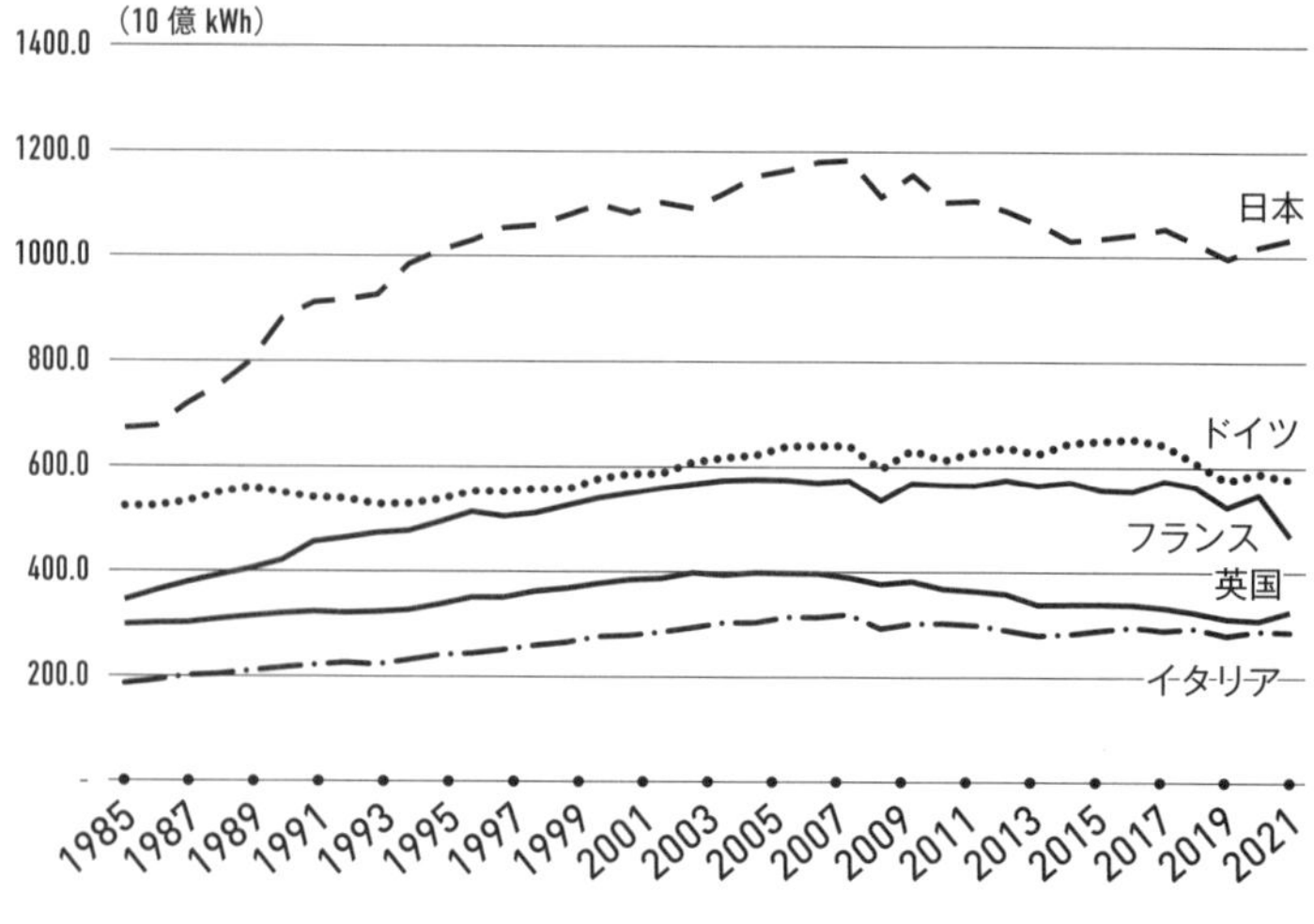

図表2-4　欧州主要国と日本の電力需要量推移　出典：Our World in Data

は電化率と呼ばれる。世界でクリーンな電気の利用が進み、世界の電化率は上昇を続けている。図表2-5が世界といくつかの国の電化率の推移を示している。一般的に先進国の電化率は途上国よりも高いが、電化率は各国のエネルギー事情も反映している。

2022年の米国の電化率は世界平均を下回っているが、この理由には自動車社会の米国では自動車用の燃料消費比率が高いことがあげられる。そのため、電力消費量が相対的に低い。将来電気自動車（EV）の利用が進めば、米国の電化率は大きく上昇するだろう。ノルウェーの電化率は世界一高く2022年に50%を超えたが、その理由は低廉な電気料金にある。コスト競争

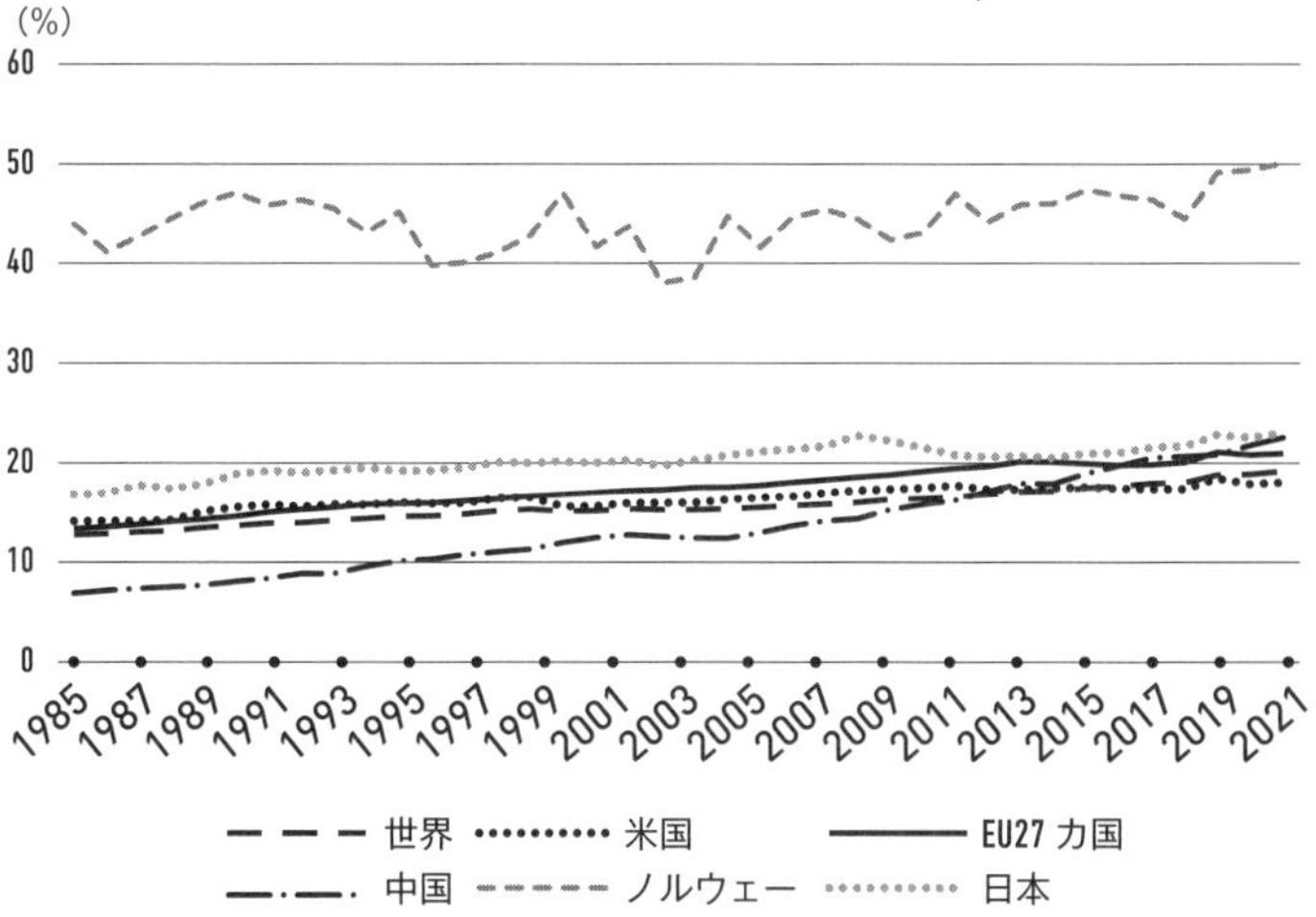

図表2-5　電化率の推移

出典：Our World in Data

力のある水力発電が約9割の電力を供給しており、家庭用電気料金は主要国の中で最も低い米国も下回り、1kWh当たり円貨換算20円を切る。ノルウェーの電気自動車普及率が世界一になった理由の一つは電気料金だろう。

エネルギー白書2023によると日本の2021年度の一次エネルギー供給量1万8670ペタジュール（PJ＝10^{15}ジュール）のうち、事業用発電に7401PJ、自家用発電に1541PJ投入されている。つまりエネルギー供給の48％が電力生産に利用されている。発電時の損失は5188PJあり投入エネルギーの58％が失われている。送電に伴う損失もあり、需要家の手元に届くエネルギー・電力はさらに少なくなる。

発電、送電に伴うエネルギーの損失はあるが、脱炭素に向け電力の消費量は今後増加し、電化率も上昇すると考えられる。たとえば、輸送部門では内燃機関自動車から電気自動車（EV）への切り替えが進む。AIの利用、データセンターの増加による電力消費も大きくなると考えられる。

依然石炭火力に依存する中国、インド

電力消費量が増加する一方、脱炭素に向け再エネと原子力発電による電源の非炭素化が進められるが、現在世界の発電の主力を担っているのは石炭火力発電だ。石炭火力は2022年に10兆kWhを超える発電量を供給し、世界の発電量に占めるシェアは35%を超えていた（図表2-6左端）。

石炭火力の発電量が多い理由の一つは、世界一の発電国、中国の石炭火力発電量が多いためだ。中国の石炭火力は中国国内の電力供給の61%のシェアを持つが、その発

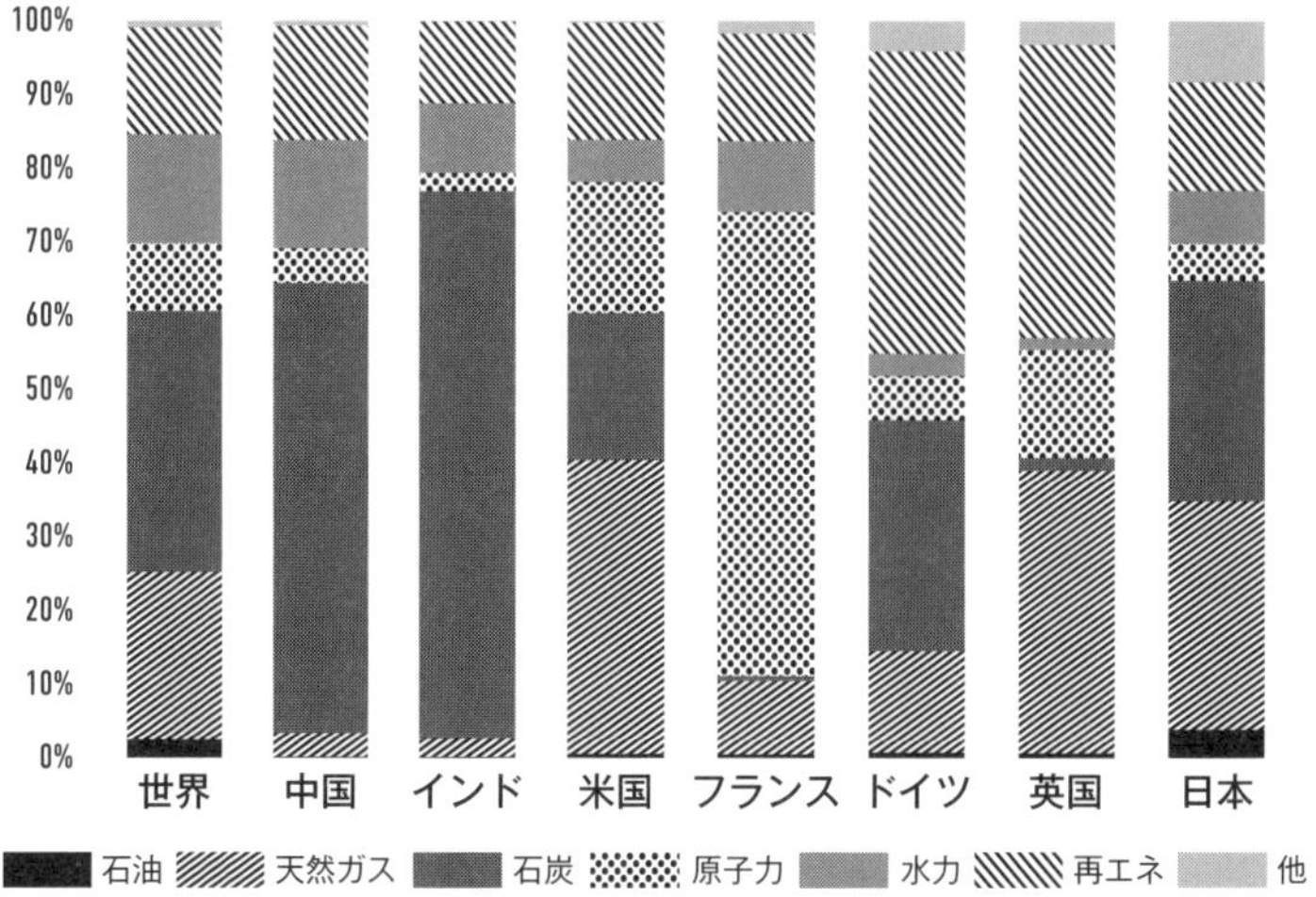

図表2-6　世界と主要国電源別発電量比率

注：2022年実績
出典：Our World in Data

電量は世界の石炭火力発電量の52%に相当する。インドも石炭火力依存度が高く、発電量のインド国内でのシェアは74%になり、世界の石炭火力発電量の13%に相当する。

２０２４年４月のＧ７エネルギー・環境相会合で排出削減策が取られていない石炭火力発電所を２０３０年代前半か、あるいは産業革命前からの気温上昇を１・５℃に抑える目標に沿う形で段階的に廃止することが織り込まれた。Ｇ７諸国が保有する石炭火力の発電量が世界の発電量に占める比率は14%しかない（図表２-７）。

米国では石炭火力の発電量は依然16%のシェアを持つが、シェールガスが石炭のシェアを奪っており、石炭火力のシェアは下落を続けている。先に述べたようにＣ

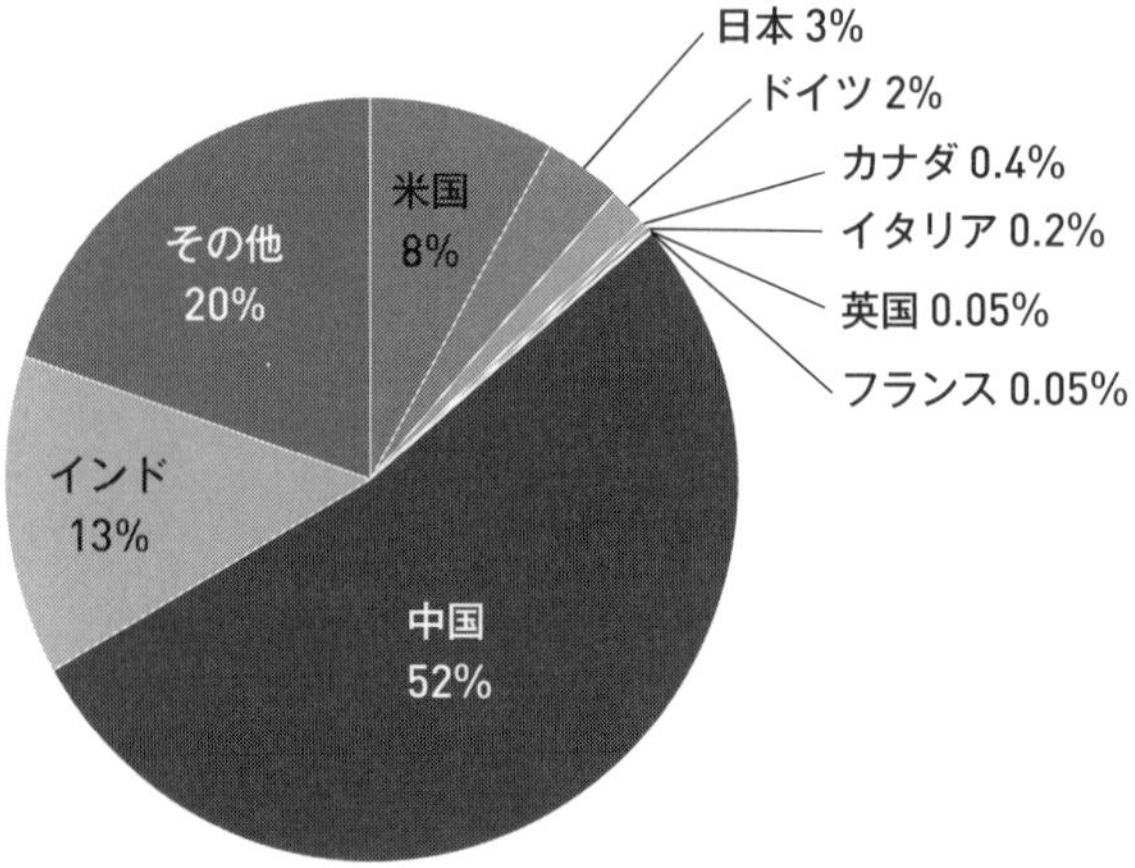

注：2022年の実績。構成比については四捨五入の関係で 100%にはならない
出典：Our World in Data

図表2-7　石炭火力発電量のG7中印シェア

O_2規制により2039年以降の石炭火力の運転は困難になると見られており、米では脱石炭火力は視野に入っている。ドイツは、旧東独を中心に賦存する褐炭炭鉱を維持する目的もあり石炭火力発電所を維持しているが、2038年に石炭火力廃止の目標を立てている。

イタリア、フランス、カナダ、英国では、既に石炭火力は大幅に減少しており、実質的に脱石炭火力は実現している。日本だけが石炭火力の廃止予定を持っていないが、他のG7国とは大きく事情が異なる。日本は40年間以上にわたり、オーストラリア炭を中心とする輸入炭を利用することにより欧州主要国と比較しても競争力のある電気料金を維持した。石炭火力の廃止は、日本の電気料金を大きく上昇させ、電力供給を不安定化させる。

石炭は、石油、天然ガスとの比較ではCO_2排出量が多いが、天然ガスも採掘時のメタン排出などを考慮するとCO_2排出量はかなり多いとされる。それでも石炭火力だけが悪者にされるのは、主要国は石炭以外の化石燃料を大量に使用しており、廃止を視野に入れることが難しいからだろう。

中国とインドの石炭火力発電量だけで、世界の石炭火力発電量の約3分の2になる。石炭は化石燃料の中でCO_2の排出量が最も多くなるので、温暖化問題への対策として発電量と消費量の削減が要請されているが、中国、インド共に石炭火力の発電量は、継続して年々増加している。

中国、インドは世界1位と2位の石炭生産国であり、中国の生産量は年間46億トン、インドは9億トン。合わせて世界の生産量の62％を占める。国内産石炭の価格が他の燃料より安いことに加え、エネルギー安全保障上も自国産のエネルギーの利用が望ましい事情があり、両国の石炭火力からの発電量が減少に転じる可能性は当面小さいように思える。

電源の分散が実現しても問題だらけの日本の電力

第一次石油危機時には、当時一般電力事業者と呼ばれた日本の大手9電力会社の発電量の4分の3は石油火力から供給されていた。脱石油のため、海外からの輸入炭とLNGを利用する火力発電所と原子力発電所が建設された。2010年度の発電量のシェアは原子力25・1％、石炭27・8％、LNG29％、石油8・6％となり脱石油と電源の分散が実現した。

2011年の福島第一原発の事故により原子力の比率が減少した。2012年に導入された固定価格買取制度（FIT）により、太陽光発電設備を中心に再エネの導入が進んだことから、2022年度の発電量のシェアは、原子力5・5％、石炭30・8％、LNG33・7％、石油

8・2%、太陽光9・2%となった（図表2−8）。

再エネ設備の導入による発電量の増加は脱炭素と自給率向上には貢献したが、FITを通し大きな消費者負担を招き電気料金の上昇を引き起こす一方、天候に依存するため安定的に発電できない問題から、冬季に電力危機を招くことになった。第6章で再エネのメリット、デメリットについて触れたい。

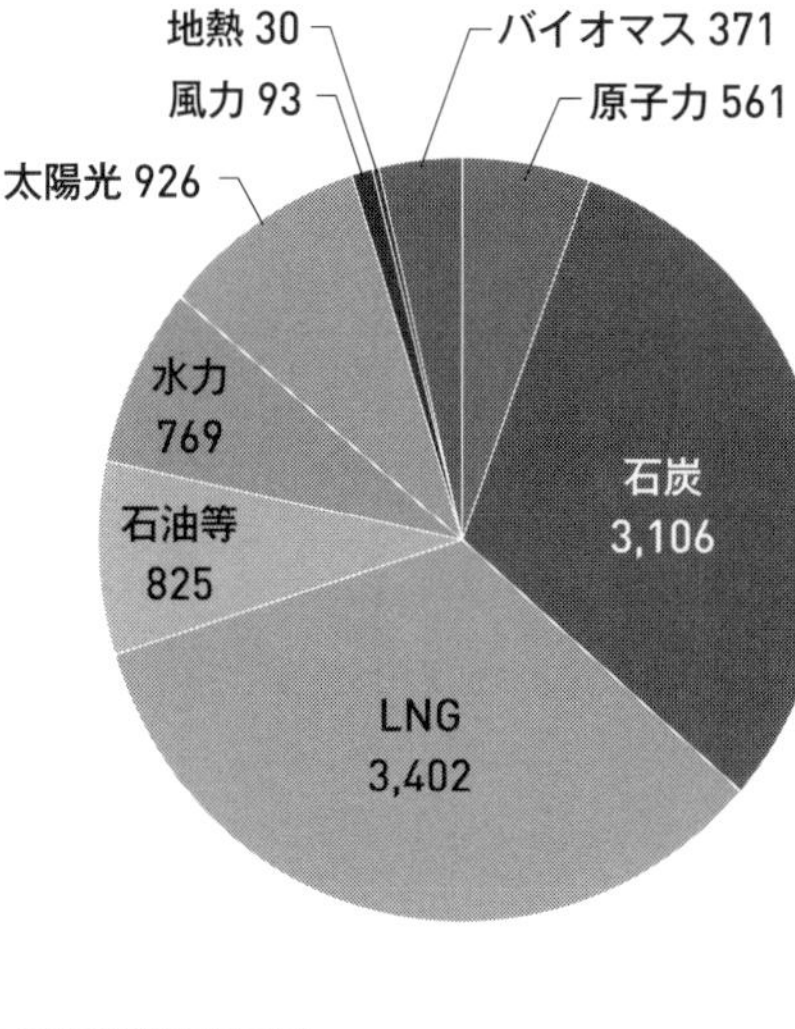

注：単位億 kWh、2022 年度
出典：総合エネルギー統計

図表2-8　日本の電源別発電量

世界と日本の発電事情

➡第一次石油危機後、**石油火力からの転換**を図った日本は、米国、カナダ、オーストラリアなど政治的に安定した国が生産し、地理的に分散している**海外の石炭**の活用に乗り出した。１９８０年代から大規模な石炭火力発電所が北海道から沖縄まで建設された。

➡さらに、中東諸国に加え、オーストラリア、東南アジアからの輸入が可能な**ＬＮＧ**の活用も広がり、大規模ＬＮＧ火力発電所の建設も進んだ。

➡第二次世界大戦後、**原子力の平和利用**の動きが米国、英国、旧ソ連などで広がり、ガス冷却炉、加圧水型炉（ＰＷＲ）、沸騰水型炉（ＢＷＲ）などが開発され、潜水艦から発電まで利用が進んだ。

➡１９７９年の**米国スリーマイル島原発**、１９８６年の**旧ソ連のチョルノービリ原発の事故**により欧米での原発の建設が停滞する。２０００年代から欧米で原発の新設工事が再開されるが、20年以上の工事の中断により現場を担う人材が不足したこともあり、工期、工費に大きな影響が生じた。

➡一方、中国は着実に原発の建設を進め、現在世界2位の設備保有国になった。２０３０年代には**米国を抜き世界一になる**と見られる。現在世界の原発の70％はＰＷＲ、20％はＢＷＲ。最近は多くの国が**小型炉（ＳＭＲ）**に注目している。

➡2022年に始まったロシアのウクライナ侵攻により、主要国は、**独裁国家にエネルギーを依存するリスク**を学び、**ロシア産化石燃料依存からの脱却**を進めた。有力な手段は太陽光、洋上風力などの**再エネ設備**と**原子力発電設備**の導入による自給率向上だ。脱炭素戦略にもつながる。

➡欧州連合（EU）のロシア依存度がもっとも高い**天然ガス**については、カタールに加え、**米国からのLNG輸入**によりロシア産の代替が進んだ。米国からのLNG輸出を可能にしたのは、2008年頃から始まった**シェールガス**の商業生産だった。

➡中国の発電量が日本の発電量を上回ったのは1996年だったが、今中国の発電量は**日本の約9倍**、**世界の3割**を占めている。世界の発電量は、1985年から2022年の間に3倍になったが、先進国であるOECD諸国の伸び率は1・7倍に留まった。

➡一次エネルギー占める電力消費の割合を示す**電化率**は世界で伸び続けている。今後もクリーンなエネルギーとされる電力の消費は伸びると予想される。

➡**脱炭素**が必要と考えられているが、今世界の発電量で35％以上のシェアを持つ最大の電源は、**中国とインドの主力電源**となっている**石炭火力発電**だ。日本では福島第一原発の事故後、原発による発電比率が減少し、今LNGと石炭火力を主に**火力発電**が**供給の約7割**を担っている。

第3章

増える電力需要、上がり続ける電気料金

世界で電気が使えない人は7億人以上

電気料金が安いと電気の無駄遣いも起こりやすい

電力供給と消費を取り巻く事情は、国により大きく異なる。カナダ・アルバータ州のカルガリーは多くのエネルギー企業がオフィスを置く、石油の街として知られている。著者が初めてカルガリーのエネルギー企業のオフィスを訪問した時、エネルギー企業の本社ビルと通りを挟み向かいにあるホテルを予約した。

夕方ホテルにチェックインしたところ、部屋からエネルギー企業のオフィスが見えたが、深夜になってもビルの照明は点いたままだった。翌朝エネルギー企業を訪問し、「深夜までビルの照明が点いていたけど、残業は多いのか」と尋ねたところ、「電気料金が安いので、ビルの照明は24時間点いている。残業をしているわけではない」と返事があった。日本と異なり、省エネ、節約の発想はないようだった。

著者は、その数年後米国に赴任した。オフィスは高層ビルの28階にあったが、オフィスに電灯のスイッチがなく、オフィスを最後に出る時も照明を消す術がなかった。その後米国でも省エネの発想が広まり、オフィスの照明を24時間点けておくのは無駄なので、管理会社が夜10時に64階建てビルの全フロアを一斉に消灯することを決めた。午後10時以降働く人は管理室に電話をして再点灯してもらうのだ、午後10時にオフィスにいた著者が電話をすると28階のフロア全部の照明が点く。管理室にもフロアごとのスイッチしかなかった。

電気料金が安いと電気の無駄遣いも起こる。２０２３年12月の米国の家庭用平均電気料金は、1kWh当たり15・73セント、製造業の料金は7・66セントだ。ただ、州により料金は大きく異なる。家庭用料金が最も高いハワイ州では41・60セント、北東部ロードアイランド州30・88セント、カリフォルニア州29・11セントと、日本の家庭用電気料金を上回る州もあれば、褐炭の生産地ノースダコタ州の料金は10・23セント、石炭の産地ユタ州では10・86セントと日本の料金の半額以下の州もある。

停電が日常的に起こる地域も多い

北米のように電気を贅沢に使う地域もあれば、電気が十分に使えない地域もある。筆者が西アフリカに出張しホテルにチェックインした時、高層ホテルのエレベーターは自家発電の電気で稼働していたが、部屋の照明は点いておらずロウソクだったことがある。エレベーター以外に電力供給はないので、水も出ない。従業員にいつ電気と水が復旧するのか尋ねても「直ぐに（Coming soon）」と言うばかりだ。滞在しているうちに分かったのだが、朝と夕方の数時間のみ電力供給があり、後の時間は停電していた。

停電が頻繁に起きると、信号機の利用も難しくなる。著者が訪れたアフリカの街では信号機があるのに点灯していなかった。地元の人に事情を聞くと、停電が頻発するので、たまに点灯すると点灯していないと思って赤信号で侵入する車があり危険なので、使わない方が安全と説明された。その説明を聞いている時に、目の前の信号が点灯していない交差点で衝突事故が起こり驚いたことがある。

コロナ禍前に南アジアに出張した際にも、首都のホテルで停電を経験した。停電すると自家発電機が稼働し数分後に照明が点くのだが、夜だとホテルの周辺は停電したままで真っ暗だ。世界には電気があまり普及していない国も、サブサハラと呼ばれるアフリカのサハラ砂漠以南の地域を中心にまだ多くある。電灯と携帯電話への充電、あるいはラジオを1日4時間以上使えない場合には電気へのアクセスがないと定義される。

この定義に基づくと2019年時点で電気が利用できない人は、世界銀行の資料では7億6100万人。その時点の世界人口76億7000万人の約10％だ。それでも電気が利用できない人の数は減少を続けている。2000年には世界の人口61億1000万人のうち20％を超える13億5000万人が電気のない生活をしていた。南アジア地域の5億9300万人、サブサハラ地域の4億9200万人が電気へのアクセスがなかった。

電気のアクセスがない地域では、料理と照明に灯油が利用されている。室内の大気汚染状況を改善し、火事のリスクを避けるため、小さな太陽電池と蓄電池を持つランプが、先進国の団体などから提供されている。携帯電話の充電にも太陽電池が使われている。

2019年に電気へのアクセスのない人口は、南アジアでは1億300万人に大きく減少したが、サブサハラ地域では人口増を反映し、5億8900万人に増加している。ナイジェリアでは9000万人、タンザニア3600万人、ウガンダ2600万人、モザンビーク2100万人、マダガスカル2000万人、スーダン2000万人、ニジェール1900万人、ケニア

１６００万人などだ。アジアでもパキスタン５６００万人、インド３０００万人、ミャンマー１７００万人、北朝鮮１３００万人と多くの人が電気へのアクセスが確保されていない。

経済が発展すればエネルギー消費も増える

生活が豊かになり、１人当たりの国内総生産（ＧＤＰ）が上昇するに連れ、エネルギー、電力消費量も上昇するので、１人当たりＧＤＰとエネルギー消費量には相関関係があるが、気候、住環境、エネルギー価格、電気料金などさまざまな要素がエネル

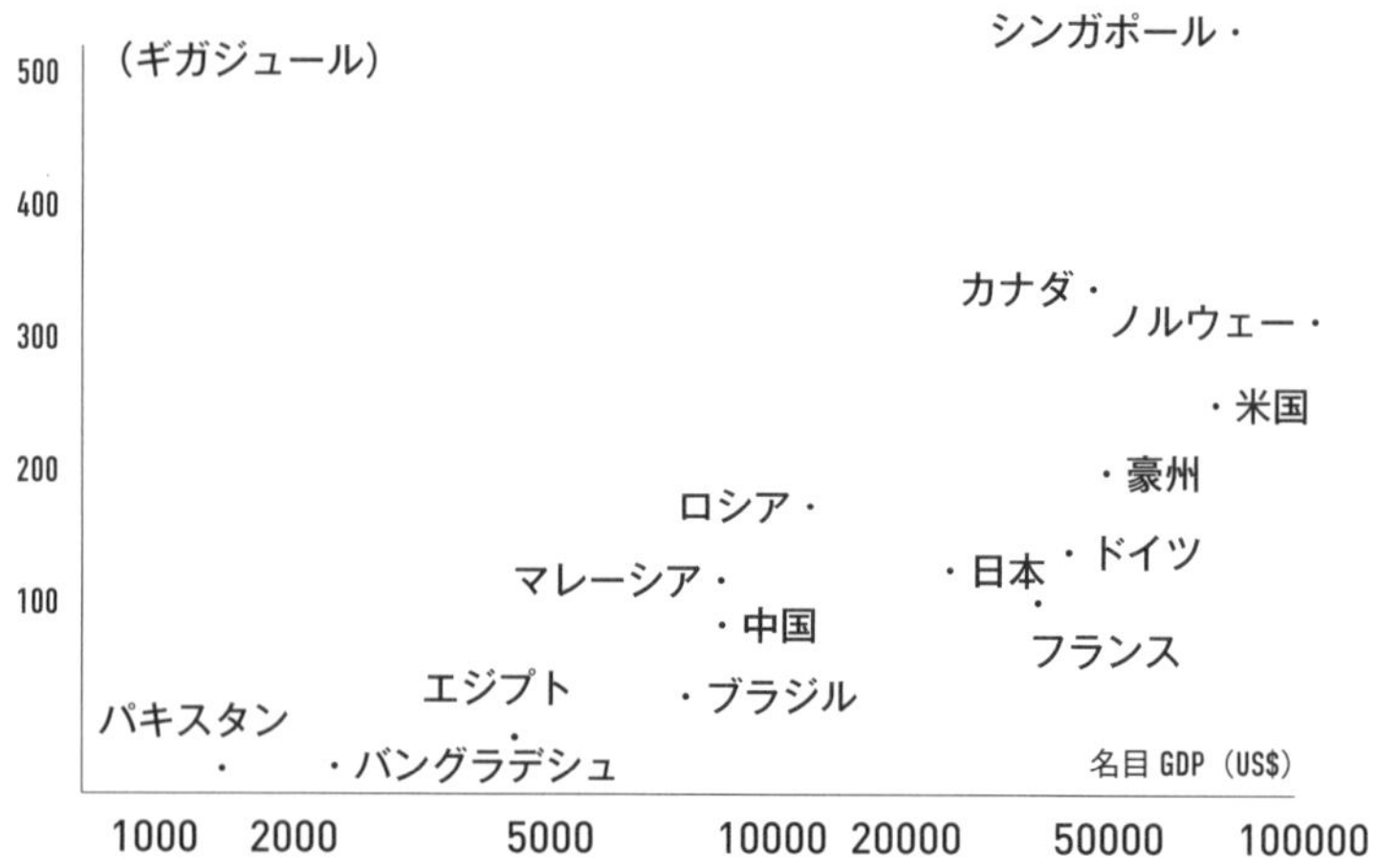

注：2022年のデータ
出典：世界銀行、Energy Institute 資料から作成

図表3-1　1人当たりGDPとエネルギー消費

ギー、電力消費量に影響を与える。電気が普及している国でも1人当たりの電力消費量は、国により大きく異なる。

図表3-1が1人当たりGDPと1人当たりエネルギー消費量の関係を示している。気候、エネルギー価格、産業構造などの影響があるが、経済が発展すればエネルギー消費も増加する。1人当たりの電力消費量あるいは生産量は、経済発展の段階を1人当たりのエネルギー消費量よりも正確に示しているようにも思われる(図表3-2)。

国名	1人当たり年間電力生産量（kWh）
ノルウェー	28119
米国	12325
日本	8338
フランス	7283
中国	6206
マレーシア	5336
ブラジル	3162
エジプト	1875
インド	1311
パキスタン	645
ケニア	223
ナイジェリア	147
ハイチ	86

図表3-2　1人当たり電力生産量　出典：Our World in Data

誰が電気を使っているのか

電気を最も使う分野は経済発展の度合いによって異なる

電気は多くの分野で利用されている。家庭はむろんのこと、オフィスビル、病院、学校、ショッピングモール、スーパーマーケット、工場など全ての建物が電気を使っている。照明、エアコン、冷凍庫、工場の機械など多くの設備が電気を利用している。では、電気を最も使っている分野は何だろうか。

国の経済発展の段階と産業構造により、電力消費の分野は大きく異なる。電気が十分に普及していない最貧国では農業、水産などの一次産業の比率が大きくなるが、経済が発展するに連れ、二次産業の製造業が発展する。やがて広義のサービス業の第三次産業が発展する。経済の発展につれ産業構造が変化するとするペティ＝クラークの法則だ。

最貧国の一次産業での電力消費量は大きくないので、最貧国の電力消費は家庭と小規模とはいえ産業が中心になる。やがて第二次産業の発展に伴い、産業部門での電力消費量が増加する。経済がさらに成長しサービス業が発展するにつれて、商業、業務部門での電量消費量が増えていく。途上国から先進国までの電力消費状況をいくつかの国を例にあげてみよう。

国際エネルギー機関によると2021年のケニアの電力消費の約5割は産業部門、4割弱は家庭部門だ。本来電力消費がかなりあるはずの商業・公的部門の消費比率は1割強しかない。理由は無電化地域もまだ多くあり、電力を消費するだけの設備も十分に普及していないことにあるのだろう。

無電化地区が減少しているインドでは、電力消費量の約2割を農林業部門が占めている。商業・公的部門の3倍近い消費量だ。人口当たりではまだ電力供給量が十分ではないので、農業での使用が目立つ状態と想像される。灌漑用の電力消費が多いとされるが、農業用電力には補助金も支給されている。産業部門の消費比率も4割を超えているので、農業と製造業が経済を支える構造になっているのだろう。

タイでは、産業部門の比率が4割を超えているものの、商業・公的部門の比率も2割を超えており、製造業からサービス業に経済が移行している。中国の産業部門の比率は6割に近いが、商業・公的部門の比率は1割以下だ。製造業の国であることがよく分かる。

独、英、仏、米、ノルウェーと日本の電力消費を比較すると、ドイツと日本では産業部門の消費比率が高く、先進国の中では製造業の比率が高い国ということが分かる。フランスの家庭での電力消費率は約4割であり、ドイツの3割を大きく上回る。原子力発電の比率が高いフランスの家庭用電気料金は、ドイツよりも安い。そのため、フランスでは暖房に電気を使用する家庭が、ドイツよりも多いと言われている。電気料金の違いが電力消費に影響を与えているのだろう。先に名前をあげた国の分野別電力消費状況を図表3-3に示した。

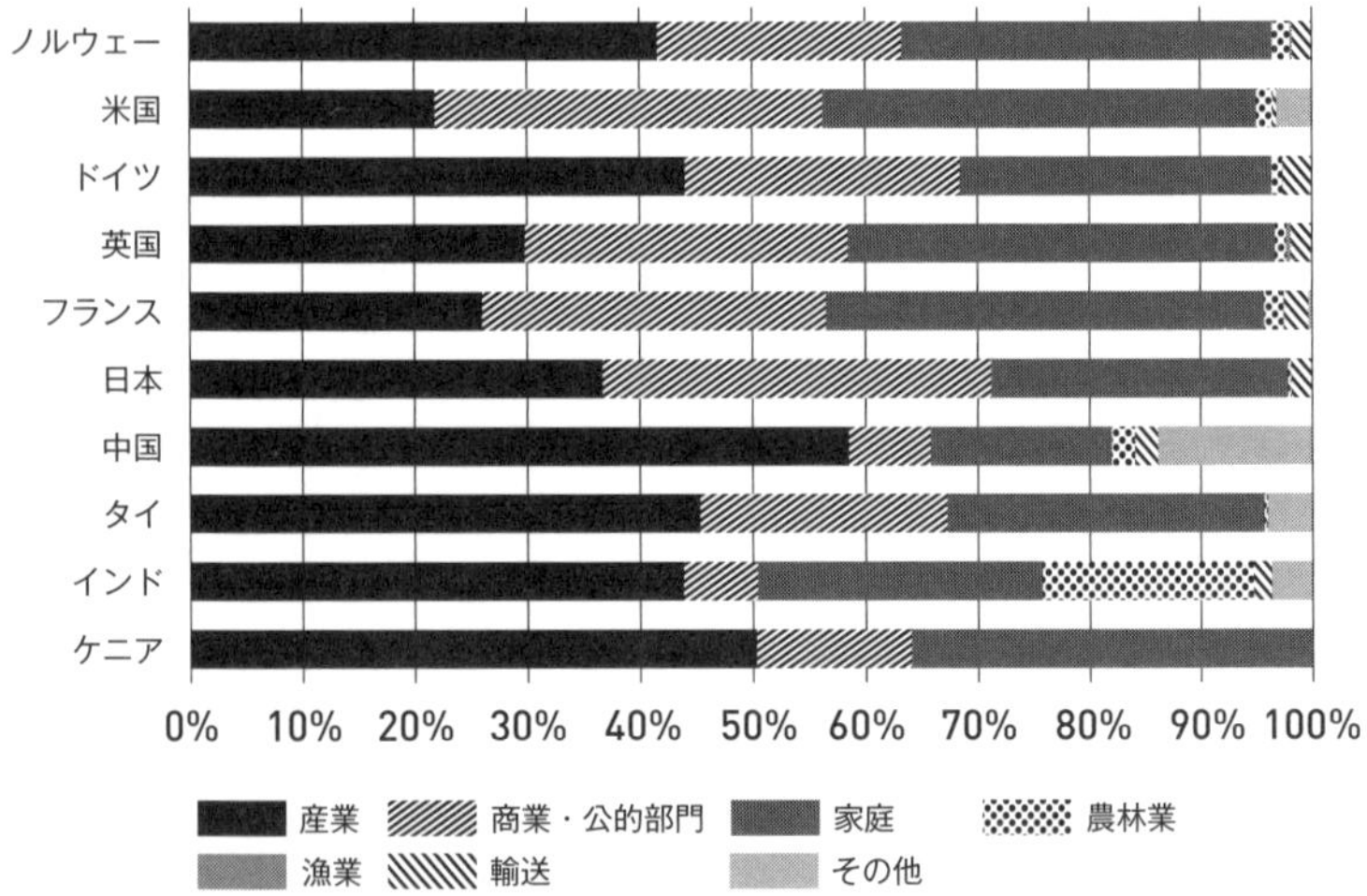

図表3-3　部門別電力消費比率

注：2021年実績
出典：国際エネルギー機関

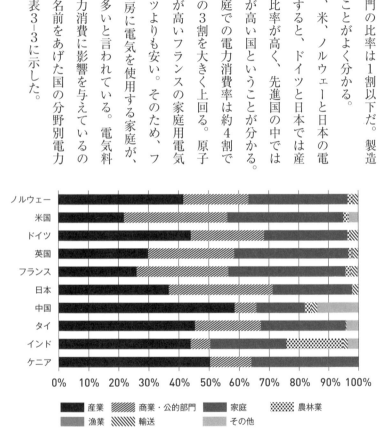

日本の電力需要は産業部門と業務部門で7割を占める

日本での電力需要は、供給される電圧に基づき電力需要と電灯需要に分けられている。電力需要と呼ばれる工場などの産業部門とオフィスビル、学校、病院、官庁などの業務部門が約7割を消費している。電灯と小型機械を利用する家庭、小さな商店などが占める電灯需要とよばれる比率は、3割程度だ。

2023年11月の販売電力量では、2万から14万ボルトの電圧で供給される特別高圧（契約電力量が2000kW以上）が174億kWh、6000あるいは6600ボルトの高圧（契約電力が50～2000kW）が218億kWh、100から200ボルトの低圧のうち電力（三相かつ契約電力が50kW未満）20億kWh、電灯（単相かつ契約電力が50kW未満）178億kWhとなっている。合計590億kWhのうち、特別高圧が29%、高圧が37%、低圧の電力が3%、電灯が30%となっている。

節電のヒントは「電力消費量が多い家電」

電力需要は季節により変動する。２０２３年8月の需要では特別高圧１９３億kWh、高圧２８６億kWh、低圧電力37億kWh、電灯２５４億kWhとなり、合計では７７０億kWhと11月の１・３倍になっている。家庭でのエアコンなどの利用が増えるため電灯の占める比率が33％になっている。冬も同様に需要が伸びる。２０２４年2月の実績では、特別高圧１７０億kWh、高圧２４４億kWh、低圧電力30億kWh、電灯２８１億kWh。合計７２４億kWh。

各部門で利用されているエネルギーは図表3-4に示されている。第1章で触れた電化率でみると、家庭での電化率は１９９０年の38・８％から２０２１年に50・２％に、業務部門は30・９％から57・２％に向上している。一方、産業部門では27・２％から27・６％、運輸部門では２・０％から２・２％にわずかに増加したのみだ。

製造業では石油、石炭などをボイラーなどで直接燃焼させている。たとえば電気ボイラーに切り替えれば熱効率が低下するため、化石燃料が依然熱需要を満たし電気の利用は困難だ。脱炭素のためには、電気ではなく燃焼時にCO_2を排出しない水素の利用が必要になると考えられている。水素と電力の関係については第6章で触れることにしたい。

資源エネルギー庁のデータによると、夏、冬の電力消費量が多い日に家庭での電気の利用で最も消費量が大きいのは、エアコンだ。約3分の1を占める。次いで冷蔵庫が15〜18%を占め、照明は10%弱、待機電力が5%強、テレビ・DVDが5%弱を占める。節電のヒントは電力消費量が多い家電にある。

運輸部門でも脱炭素のため電気自動車（EV）と水素利用の燃料電池車（FCV）の利用が今後進むものと思われる。近距離中心にはEVだが、遠距離を走る大型トラック、長距離バスでは電池の重量が重くなるEVの利用は難しいのでFCVが主体

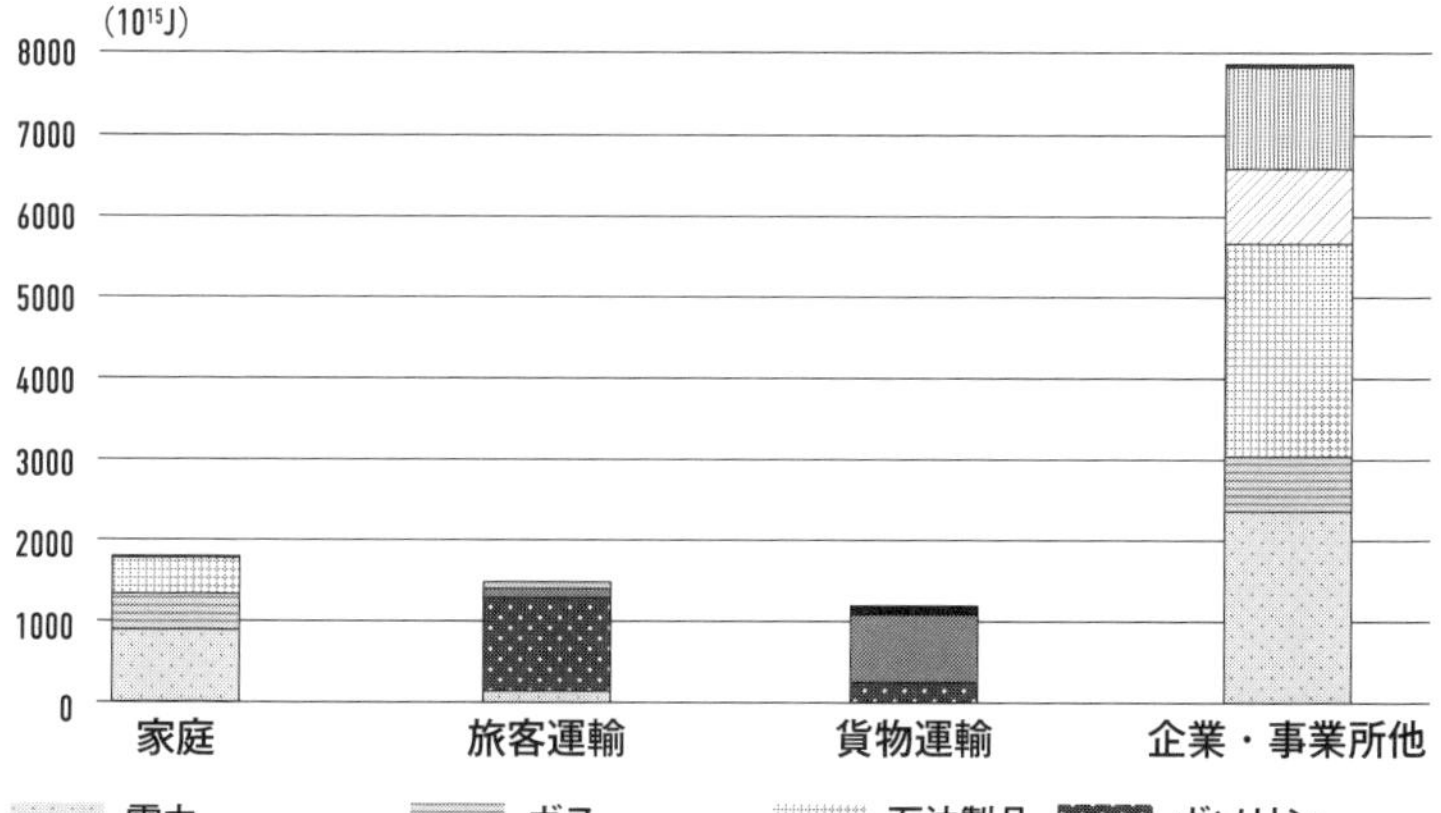

図表3-4　日本の分野別エネルギー消費

注：2021年度
出典：資源エネルギー庁

になる。ＥＶの導入が、中国、欧州を中心に増えている。日本の導入スピードはゆっくりだが、大半の内燃機関乗用車がＥＶに変わると電力需要を増加させる。トラック、長距離バスの水素利用は水素製造用の電気の需要を増やす。

電力需要をさらに増やすのは、現在電気がほとんど利用されていない鉄道と航空、海上輸送部門だろう。既に、欧州では電化が難しいディーゼル機関車利用区間に燃料電池列車の導入が実用化されている。水素を利用するが、水素製造の主体は水の電気分解が想定され電力需要を押し上げる。航空、海上輸送部門でも温暖化対策として水素から製造する合成燃料の利用が想定されている。

かつて石油ストーブの利用が多かった家庭でも、暖房にもエアコンの利用が増えている。北日本では冷房用にエアコンを設置する家庭が増えている。個々の家庭の電気の利用が進む一方、少子化により人口減少が進み家庭部門での電力消費量が減少する可能性がある。２０４５年の人口予測は、２０２０年の人口から14％減少。２０７０年の予測は31％減だ。需要にはマイナスの要素もありそうだが、電力需要はどうなるのだろうか。

EV、水素とともに電力需要を増やすAI

世界的に広がるEV、覇権を狙う中国

世界がこれから脱炭素に向かう中で、電力の使用量は増える。発電部門を原子力発電と風力、太陽光発電を主体にCO_2を排出しない設備を増やし低炭素化するので、電気を利用すれば脱炭素が進むようになる。途上国でもクリーンな電力が好まれ、多くの国において第2章で触れた電化率の上昇が想定される。

電力需要を押し上げる要因は、いくつかあるが、その一つは間違いなく輸送部門だ。今、日本のCO_2排出量の17%は輸送部門からだ。その大半は自動車からの排出だ（図表3-5）。世界では輸送部門からの排出量は約20%あり、全部門からの排出のスピードを上回るスピードで

増え続けている。途上国での自動車の台数が増えていることが背景にある。

一方、中国、欧州、米国を中心に世界では電気自動車（ＥＶ）の導入が進んでいる。調査会社J.D.Powerによると、３市場が牽引する形で、２０２３年の世界の乗用車のＥＶ販売台数は１４００万台を超え、全乗用車販売に占めるシェアは15・８％に達した。販売台数の内訳はバッテリー稼働（ＢＥＶ）が約７割、プラグインハイブリッド（ＰＨＶ）が約３割だ。２０２２年の販売台数は約１０５０万台、ＥＶのシェアは13・０％だった。

中国の販売台数は８４０万台、欧州３１５万台、北米１６２万台。それぞれ前年比、36％、17％、46％増と大きな伸びを示して

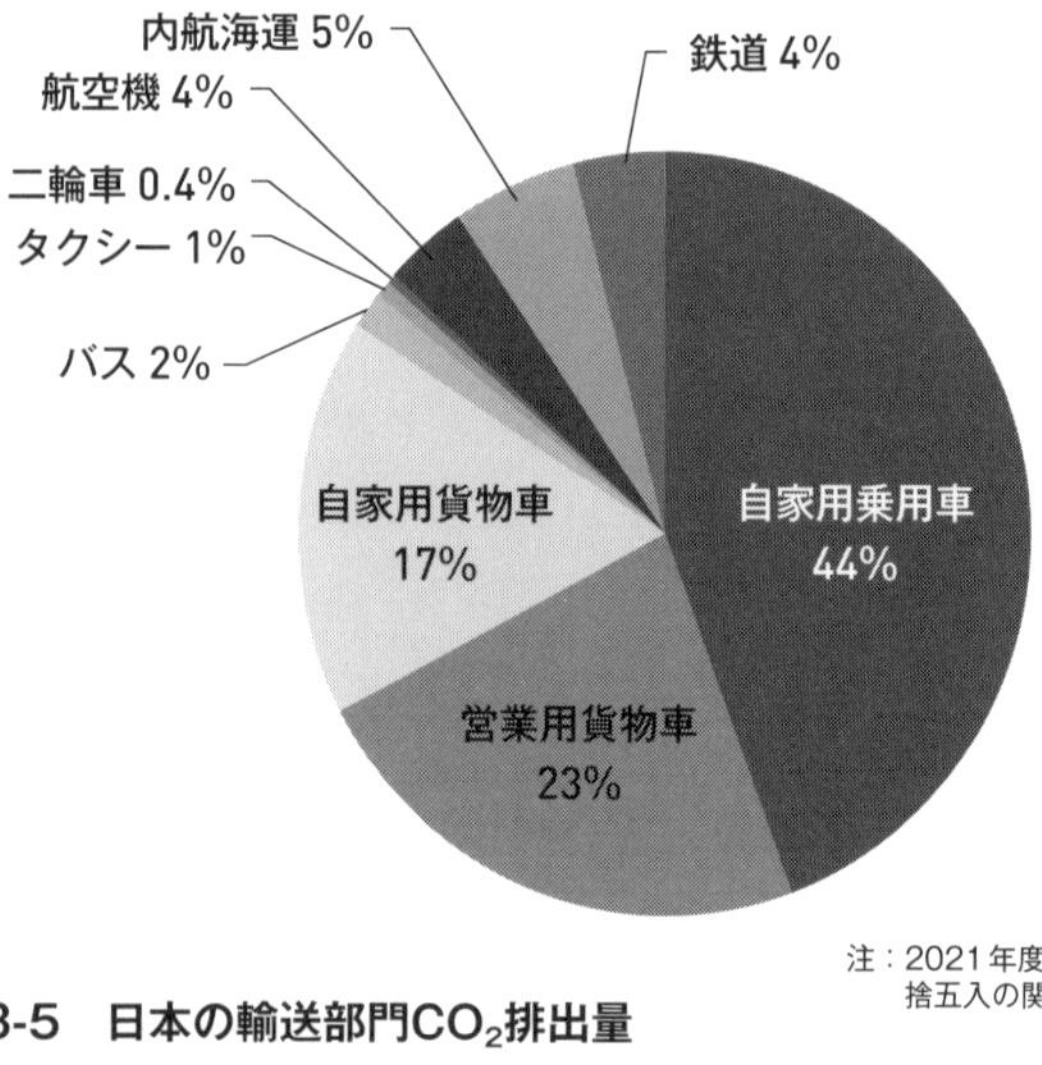

注：2021年度電力熱配分後。構成比は四捨五入の関係で100%にはならない
出典：国土交通省

図表3-5　日本の輸送部門CO_2排出量

いる。米国の伸びを支えたのは米国製の条件があるものの政権が用意した最大7500ドルの購入補助金だ。補助金支出の条件は細かく定められている。まず北米製造の新車バッテリー稼働車（BEV）／プラグインハイブリッド車（PHV）／燃料電池車（FCV）が対象。車体の価格はSUVで8万ドル以下、セダン、ワゴンなどで5万5000ドル以下。最初の3750ドルの対象になる条件は、バッテリーが北米で製造されていること。7500ドルの対象となるためには一定比率の重要鉱物が北米あるいは自由貿易締結国から供給されるか、北米でリサイクルされていること。さらに、中国、ロシア、イラン、北朝鮮を含む懸念のある外国政府が保有あるいは支配する組織を指すFEOCからの部品を含むEVは対象外。

地方政府からの補助を合わせると、最大1万5000ドルになる地域もあり、EV販売には大きな支援策になっている。連邦政府の補助7500ドルを受け取るためには、経費控除後の所得が、夫婦の合算納税では30万ドル（約4500万円）、世帯主の場合には22万5000ドル（約3400万円）を超えてはいけないが、2022年の米国の世帯所得の中央値は7万4580ドル（約1120万円）。所得が20万ドルを超える世帯は11・9％しかないので、ほぼ9割の世帯が補助金の対象になる。

日本の販売台数は4万5000台の軽自動車EVを含めても9万台に届かず、シェアは2・2％に留まっている。燃費の良いハイブリッドを好む消費者が多いことも、日本でのEVのシェアが伸びない理由だろう。

ＥＶの欧州での販売シェアは、北欧、ドイツ、英国などで高いが、一方東中欧諸国、イタリアなどでは低い。販売シェアを左右するのは、政府補助制度、ＥＶの販売価格、充電ポイントの整備、電気料金とガソリン価格の差だ。たとえば、世界一の導入シェアのノルウェーでは、高速料金無料などの政府支援、水力発電のため極めて低廉な電気料金がシェアを高めていると思われる。

世界で最もＥＶの導入台数が多い中国では、政府が都市部での優先的ナンバー割り当てなど多くの支援策を行った。政府支援策は中国のＥＶ販売台数を世界の約６割に高めたが、中国政府の狙いは再エネ設備同様ＥＶ製造でも世界一になり、覇権を握ることだろう。中国は世界のＥＶ生産台数の６割以上を担うようになり、２０２３年にはＥＶを中心に輸出台数が伸び、日本を抜き世界一の自動車輸出国になった。日本市場でも販売を開始した中国のＥＶ最大手ＢＹＤは、ＢＥＶとＰＨＶの合計で２０２２年生産台数世界一だったが、２０２３年第４四半期にはＢＥＶだけの台数でもテスラを抜き世界一になった。２０２３年の中国のＥＶ生産台数９３０万台の内ＢＹＤが約３００万台を生産している。

欧州主要国と米国は、中国製ＥＶとその部品の流入を警戒し始めたが、ＥＶ化に熱心だったドイツ企業の中にもＥＶ化のスピードを緩める動きが出てきた。販売のスピードが落ちていることに加え雇用問題もある。部品数の少ないEV化は内燃機関自動車との比較で雇用を3割から4割減らすとされている。販売は多少減速しているものの欧米中での乗用車でのEVの販売台数は、これからも増えると予想される。

水素利用も電力需要を大きく増やす

トラックなどの商用車の分野ではEVではなく水素利用による燃料電池車の利用が広がるだろう。トラック、長距離バスは重い蓄電池を搭載すると荷物あるいは乗客のスペースがなくなる。加えて充電時間のロスの問題もあるので、蓄電池よりも水素利用が広がると考えられる。

海上輸送も同様であり、ノルウェーでフィヨルドを結ぶ短距離のフェリーでは蓄電池が利用されている例はあるが、外航船など航続距離が長くなる場合には水素、あるいは水素から製造される合成燃料が利用されると考えられる。航空機でも合成燃料の利用が考えられている。鉄道分野でトンネルなどの構造物あるいは運行本数の関係で、電化が困難な路線での脱炭素のため、フランス・アルストムのコラディア・アイリントと呼ばれる燃料電池列車が、欧州では運転を開始している。やはり水素の利用が主流になるだろう。

仮に、日本の乗用車が全てＥＶに変わり、一部の商用車も蓄電池を利用すると、日本の電力需要量を５％から10％押し上げる。現在燃料電池車用の水素の大半は天然ガスあるいは石炭から製造されているが、製造時にCO_2が排出されている。CO_2を出さずに水素を製造する簡単な方法は、非炭素電源を利用した水の電気分解だが、多くの電力を消費する。詳しくは第６章で触れるが、仮に日本が目標とする２０５０年２０００万トンの水素を電気分解で製造すると、必要な電力需要量は、今の発電量とほぼ同じになる。

伸び続けるＡＩの電力需要

人口減少が進む日本でも、電化の進展、ＥＶ、水素の利用は電力需要を大きく押し上げる可能性が高いが、さらに需要量を増やすのはＡＩの利用などが進むことでデータセンターの需要が大きく伸びることだ。

世界のインターネットの通信量は、過去10年間で12倍になったとされる。データの利用増に伴い電力需要は大きく伸びている。米国電力研究所によると、アマゾン、メタ、マイクロソフト、グーグルのデータセンターの電力消費は、２０１７年から２０２１年に２倍以上になった。

2021年1月時点に世界に8000あったデータセンターは、2024年3月には1万655に伸び、うち5381が米国にある。

2022年の世界のデータセンターの電力消費量は約3000億kWh。世界の電力消費に占める比率は1・2%だった。米国のデータセンターの2023年の電力消費量は1521億kWh。全消費量に占めるシェアは約4%だった。ChatGPTなどのAIの利用増に伴いデータセンターの電力消費は今後大きく伸びると想定されている。

グーグルの検索に伴う電力消費は1件当たり0・3Whだが、ChatGPTの電力消費は2・9Whになる。データセンターのエネルギー効率の改善も想定されるものの、電力消費は大きく伸びる可能性がある。米国のデータセンターの2030年の電力需要量は、年率3・7%増の低成長ケースで1963億kWh（2023年比＋29%）、最も伸びる場合には年率15%の成長で4039億kWh（2023年比＋166%）と予測されている。米国の電力消費に占める比率は最大で9・1%に達すると見られている。

日本の電力中央研究所は、低成長、中成長、高成長と3つのケースに分け2050年の電力需要を予測している。人口減少、省エネによる電力需要減の要素はあるものの、低成長ケースで現在の横ばいの8280億kWh、中成長9230億kWh、高成長1兆750億kWhと想定している。

ただし、電力需要が伸びる場合に全国一律ではない。データセンターは特定の地域に建設される傾向があるからだ。たとえば、米国の場合、15州がデータセンターの電力需要の8割を占めている。1位のバージニア州と2位のテキサス州だけで全米の需要の3分の1以上になる。バージニア州の電力需要量の4分の1以上がデータセンターによるものだ。

データセンターの立地選択に重要な点は、土地代、インターネット利用環境、熟練労働者、バックアップ電源などだが、電気料金も重要な点のひとつだ。上位15州のうち、半数近くはニューヨーク、シカゴ、ロスアンゼルスなどの大都市を持つ需要地の州だ。残りの半数以上は、人口も回線も少ないノースダコタ州、アイオワ州などだが、共通の特徴は電気料金が全米平均の産業用料金、2024年3月の平均1kWh当たり7・73セント、を下回っていることだ。電気料金もデータセンターの立地選択の大きな要素に違いない。

電力中央研究所はAIの利用、データセンターでの電力消費については、予測が難しいとしながら、2021年の200億kWhの需要が、2040年に最大1050億kWh、2050年に2110億kWhに成長するとしている。水素製造については、自家発電設備による製造を想定しているようであり、電力需要の中には大きくは織り込まれていないが、日本製鉄によると高炉製鉄が現在の生産量を維持するには、年間700万トンの水素が必要とされている。この水素を水の電解で製造するには、年間3000億kWh以上の電力が自家発電部門で必要になる計算だ。

電気料金はどう決まるのか

電源構成と燃料調達価格が大きく影響する電気料金

主要国の電気料金は国により大きく異なっている。たとえば、欧州主要国の２０２３年前半の家庭用電気料金（標準家庭‐年間２５００kWhから４９９９kWh消費時）は、最安値のブルガリアの１kWh当たり11・４ユーロセントから最高値のオランダの47・５ユーロセントまで大きな開きがある。オランダ政府は年間２９００kWhまでの電力使用に関し料金の上限額を40ユーロセントに抑制する政策を導入しており、制度がなければ50ユーロセント、日本円で80円を超えている。日本の家庭用電気料金の約2倍だ。

エネルギー危機前まで、ドイツの家庭用電気料金のみ30ユーロセントを超えていたが、エネルギー危機は多くの国の電気料金を押し上げた。国により上昇額が異なるのは電源構成と燃料調達の違いを反映しているが、税制度の変更、補助金投入も大きな影響を与えている。

税抜きの価格では、EUで最も料金が高いのはアイルランドの45・1ユーロセント。20ユーロセントの補助金を投入し料金を抑制している。最も料金が低いのはポーランドの9・1ユーロセントだ。アイルランドの電源構成は天然ガス49%、風力33%だが、ポーランドは自国産石炭を利用する火力発電が70%以上の電力供給を行っている。エネルギー危機の影響も軽微だった。

日本の小売企業の経営者が、日本の電気料金は米国の2倍もするので高いと述べて

単位 US¢/kW 時

	原子力発電	火力発電
操業費	1.051	0.675
保守費	0.61	0.509
燃料費	0.612	3.204
発電コスト	2.273	4.388

注：2022年平均コスト
出典：米国エネルギー情報管理局

図表3-6　米国の原子力と火力発電のコスト

いた記事を見たことがあるが、先に述べた通り米国の電気料金は州により異なり日本より高い州もある。その理由も欧州と同じく電源構成と燃料調達価格だ。多くの水力発電設備を持つ、ワシントン州、アイダホ州、あるいは州内に多くの炭鉱を持つユタ州、ワイオミング州の家庭用電気料金は、全て1kWh当たり10セント台だ。日本の家庭用料金の半分以下だ。

日本の電源の発電コストを詳細に知ることは、輸入価格が発表されている化石燃料のコスト以外難しいが、米国エネルギー省は、電源別の発電コストを発表している。2022年のコストは、図表3-6の通りだ。大半の設備の減価償却が終わっていると思われる原子力発電のコストは極めて安い。燃料費が安いため、火力（汽力）発電のコストも日本を大きく下回る。

電力自由化がもたらす電力不足の懸念

電気が家庭に届くまでには、発電以外に送電、変電、配電の費用も必要だ。日本の電気料金は、2016年の電力市場完全自由化までは総括原価主義に基づき決まっていた。この方式では、電力会社の発電から送配電に係る全てのコストを経済産業省が審査し、企業ごとの効率を踏まえ適正な利益率に基づく額を加え電気料金としていた。

鉄道事業などでも総括原価主義による料金審査が行われる。送電線、鉄道線路などを二つ作るのは無駄なので独占が認められるが、事業者が料金を吊り上げないように、審査が行われ適正な料金が査定される。

電力事業において独占が認められる送配電以外の発電、小売部門については、競争原理を導入すれば電気料金が下がるのではとの考えも登場し、主要国の中では英国がいち早く1990年に自由化に踏み切った。当時のマーガレット・サッチャー首相が炭鉱をはじめとする国営企業の労働組合の弱体化を狙ったことも、自由化の背景にはあったと言われている。

1980年代、石炭公社の労働組合のストライキに手を焼いたサッチャー首相は、石炭の引き取り手である中央発電公社を分割民営化することより、石炭火力発電所の運転と石炭の調達に柔軟性を持たせ、石炭公社からの購入数量の削減と組合の弱体化を狙ったとする見方がある。1990年代から、英国は北海からの石油と天然ガスの生産を本格化させ2000年前後には輸出するまでに生産が増加し、エネルギー供給に問題は起きなかった。

自由化を行った後も、発電設備を新設する事業者は出てこず老朽化した石炭火力の閉鎖が続いたが、設備に余裕があったので電力供給にも問題はなかった。しかし、石炭火力の老朽化が進むにつれて、発電電力量が不足する心配が出てきた。そのため2014年には、発電設備を保有し電力を供給する約束をすれば、資金が設備保有者に提供される容量市場を導入した。設備保有者に提供される資金は電気料金を通し回収される。

日本が２０１６年に行った電力市場の自由化後も発電設備は増えていない。小売を行う事業者は多く登場したが、発電設備を新たに建設する事業者はほとんど出てこなかった。加えて、仮に新規の発電事業者が登場しても、事業者間の競争により発電コストが下がることは考えにくい。発電のコストは設備の減価償却費と使用する燃料が大半を占めるので、事業者により大きく異なることはないからだ。

新たに設備を作った場合、新規設備の発電した電気が他の発電設備の電気より必ず安くなる保証はなく、利用率も低迷し赤字になるかもしれない。将来の設備の利用率と燃料代金を見通すことができないからだ。さらに、温暖化対策として炭素に課税されることがあるかもしれず、CO_2を排出する化石燃料を利用する発電設備は相対的に競争力を失うかもしれない。収益の予見性がない以上再エネ設備以外への投資は行われない。再エネ設備は制度により収益が保証される。

原発再稼働が影響を与える日本の電気料金

日本の大手電力の電気料金は発電設備の構成によって異なる。地域ごとの大手電力の発電コストには原子力発電設備の再稼働が大きな影響を与えている。再稼働が進んでいる関西電力、九州電力などの大手電力の発電コストは下がり、電気料金も下がっている。発電コストに大手電力傘下の送配電会社あるいはネットワーク、パワーグリッドと呼ばれる、送配電網の建設・運用・保守、需給調整などを行う一般送配電事業会社が提供する送配電と変電のコスト、さらに販売に係る費用を加えると電気のコストになる。

自由化されている市場であり、多くの電気の小売を行う会社は発電事業を持つ会社あるいは卸電力市場から電気を購入し、販売を行っているが、小売会社が仕入れる電気のコストも発電設備の構成の影響を受けている。

電気料金の中から、託送料金と呼ばれる送配電などの費用が送配電事業会社に支払われる。託送料金は電気料金の約3割を占めており、審査を受け経済産業大臣の認可が必要とされる。審査には送配電会社の経営努力が反映されるレベニューキャップと呼ばれる方式が採用されている。

新電力の多くは発電設備を持っていない

総括原価主義が長く続いた日本の電気料金の体系は、今どうなっているのだろうか。

総括原価主義に基づく料金体系が続いていた日本だが、第5章で触れるよう2016年に電力市場は完全自由化された。消費者はみなし小売と呼ばれる旧一般電気事業者の東京電力、関西電力などの地域の大手電力に加え、新電力と呼ばれる新たに参入した小売事業者から電気を購入することも選択可能になった。

新電力の多くは設備を持たずに、発電設備を保有する事業者から2社間の相対契約か、あるいは卸電力市場を通し電気を仕入れ販売している。薄利多売のビジネスモデルになるので、新規参入の会社が一時テレビとかインターネットの広告を頻繁に行っていた。エネルギー企業、ケーブルテレビの会社、電鉄会社などの広告をよく見かけた。

最近、広告を見ることが少なくなったのは、広告だけで顧客の囲い込みが難しいことと、ロシアが引き起こしたエネルギー危機による燃料価格と卸市場価格の上昇があり、電気の小売ではあまり利益が出なくなったことがあるのだろう。電気事業法に基づき経済産業省に登録している小売事業者の数は２０２４年３月４日の時点で７２４社に上るが、その中には休眠している会社もある。

自由化の目的の一つは、消費者の選択肢を増やすことだった。たとえば、再エネだけからの電力の供給、あるいは時間帯により安くなる料金を好む消費者がいるかもしれない。ガスと電気を同時に契約するメニューとかポイントをもらえるメニューなど、自由化された料金体系にはさまざまなものがある。中には需要が多く料金が高い時の節電意識の高まりを狙い、電気の卸市場の価格に連動して小売の電気料金が決まるものもあったが、卸市場価格が高騰した際には、小売の電気料金がいきなり10倍になるようなことも起きた。

自由化による料金を選択した消費者が不利にならないように、総括原価主義時代の規制料金も大手電力が提供する料金メニューの中に自由化後の経過措置料金として残されている。当初の計画では２０１６年の市場完全自由化４年後の２０２０年３月に廃止される予定だったが、依然として残されており家庭の約半数は規制料金で供給を受けている。

規制料金には燃料費調整制度と呼ばれる、燃料価格により電気料金が変動する仕組みがあり、燃料費の変動には上限値が設定されている。燃料費の大きな上昇時には消費者の電気料金に燃料の費用が全て転嫁されない仕組みだ。自由化された料金でも同様の仕組みを設定している小売り会社もある。２０２２年のエネルギー危機が引き起こした燃料費上昇時には、燃料費調整額が上限に達したため、規制料金を提供している大手電力が燃料費の一部を負担することになった。

規制料金に基づく電気料金の求め方

規制料金に基づく毎月の電気料金の計算方法は大手電力会社により多少異なるが、多くの電力会社では基本料金に使用量に応じた従量制料金を加えている。そこに燃料費の変動を調整した金額を加えるか差し引き、さらに、再エネの導入を支援するための負担額に当たる再生可能エネルギー発電促進賦課金額を加えると毎月の電気料金の支払額になる。たとえば、東京電力の規制料金、従量電灯Ｂ契約の２０２４年４月の料金は次のようになっている。

基本料金は契約するアンペアにより異なる。アンペアと使用する家電製品との関係は第１章で説明の通りだ。10アンペアの３１１円75銭から60アンペアの１８７０円50銭（税込み）まで10アンペア刻みになっている。基本料金を安くするため小さいアンペアを選択すると使用する家電製品によっては、ブレーカーが落ちることになるかもしれない。

使用量に応じて決まる従量部分の料金は、節電を促すため使用量が増えれば高くなる。120kWhまでが1kWh当たり29円80銭、120kWh超300kWhまで36円40銭、300kWh超40円49銭だ。328円08銭が最低月額料金として設定されている。

50アンペアの契約で320kWhの電気を使用したケースを計算してみよう。基本料金と従量部分の計算は以下の通りだ。

50アンペアの基本料金	1558円75銭
120kWhまで	29円80銭×120＝3576円
120kWh超300kWhまで	36円40銭×180＝6552円
300kWh超	40円49銭×20＝809円80銭
合計	1万2469円55銭

燃料費調整制度の仕組みは、基準となる電源構成が必要とする燃料種別（石油、石炭、LNG）に応じて基準燃料価格を決め、燃料価格の変動の影響を緩やかにするため3カ月間の燃料価格の平均による変動を反映し、2カ月後の電気料金に適用する。変動の上限額は、基準燃料価格の1・5倍だが、下限額はない。

東京電力の場合には、電源構成を反映した基準燃料価格は８万６１００円だ。燃料価格が１０００円変動すると、１kWh当たりの電気料金は18銭３厘変動する。たとえば、燃料価格が１万円下がると、１kWh当たりの電気料金が１円83銭下がる。２０２４年４月の料金に適用された燃料費調整額は、激変緩和措置３・５円を含め、マイナス９・21円（税込み）だった。激変緩和措置は、エネルギー危機による電気・ガス料金の高騰から国民生活・産業活動を守るため２０２３年１月から導入されている制度だ。値引き額は徐々に減額され、期間は２０２４年５月までとなっている。

上記の３２０kWh消費の場合には、２９４７円20銭が上記の合計額から差し引かれる。

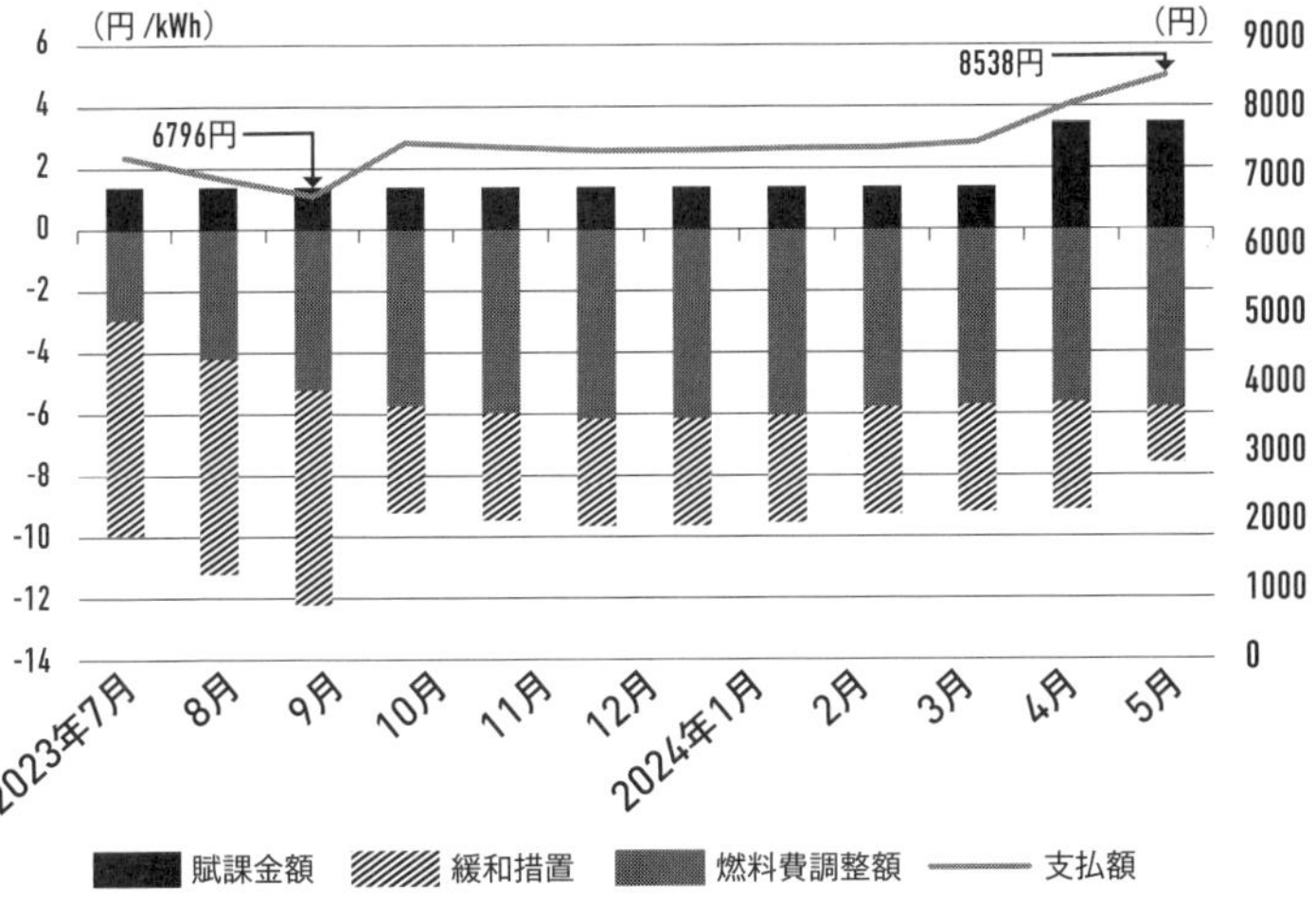

出典：東京電力エナジーパートナー
注：電気料金右軸、単価左軸、電気料金は東京電力エナジーパートナの従量電灯Ｂ・30 Ａ契約、使用電力量：260kWh の場

図表3-7　電気料金の推移

この金額に4月の再生可能エネルギー発電促進賦課金1kWh当たり1・4円、総額448円が加えられ料金になる。9970円だ。再エネ賦課金額は、毎年5月から翌年4月までの適用なので、5月から金額が変わり、1kWh当たり3・49円となる。

2023年7月から2024年6月までの東京電力の標準世帯（月間260kWhの電気を消費）の料金単価に影響を与えた要素と支払い額の推移を図表3-7に示した。激変緩和措置と呼ばれる政府の補助金額が減額されていること（2024年5月に終了）と、再エネ賦課金の上昇があり、月額の料金は2023年9月から2024年6月までで約26％上昇した。

エネルギー危機により相次いだ電力小売事業からの撤退

2016年の電力市場の完全自由化により、みなし小売事業者と呼ばれる大手電力に加え、石油、ガス会社などのエネルギー企業を筆頭に多くの会社が電力小売市場に参入し、多種多様の料金メニューを提供している。しかし、第5章で触れる2021年の燃料供給問題と2022年のエネルギー危機により卸電力価格が大きく上昇し、電力小売事業の収益を圧迫することになった。

新電力の多くは発電設備を保有せず、卸電力市場から電気を仕入れ販売している。燃料調達と価格上昇を原因とする卸価格の高騰により、小売価格が仕入れ価格を下回る事態にもなった。新電力の中には大きな差額の負担を強いられる会社もあり、2021年から2022年前半には倒産、あるいは事業からの撤退も相次いだ。エネルギー危機は、英国など海外においても卸価格と小売価格の逆転を招き、電力小売企業の事業からの撤退を引き起こした。

2016年の自由化以降、増え続けていた新電力の販売シェアは頭打ちとなり、一部の消費者は、電気料金値上げに燃料調整費制度により上限額が設定されていた規制料金に戻った。販売電力量に占める新電力のシェアは、2021年5月20・5%、11月21・1%、2022年5月19・6%、11月18・0%、2023年5月15・2%、11月16・0%とエネルギー危機以降減少に転じている。

2023年11月の供給電力の種別の新電力のシェアは、販売電力量で、電灯25・03%、高圧17・05%、特別高圧5・54%。契約口数で電灯22・57%、高圧21・1%、特別高圧5・54%。新電力の販売電力量のシェア上位5社は、東京ガス、エネット、大阪瓦斯、ENEOS、SBパワーとなっている。

新電力の契約口数のシェアの推移は、2021年5月19・2%、11月20・7%、2022年

5月22・2％、11月22・7％、2023年5月22・2％、11月22・0％となり、やはり減少に転じている。2023年11月時点での電灯契約8274万口数のうち自由化された料金口数が3972万、規制料金の口数が4302万となっており、規制料金を選択している契約が約52％を占めている。関西電力管内では、11月の新電力から関西電力への契約変更が、新電力への契約変更の約2倍になった。7基の原発が再稼働した関西電力の電気料金に競争力があるということだろう。

電力・ガス取引監視等委員会が毎月発表する電力取引報には、新電力と大手電力の販売電力量と販売額が掲載されている。図表3−8が2024年2月の販売電力量と

種別・供給者	電力販売量（MWh）	販売額（1000円）	単価（円/kWh）
電灯　合計	28,071,630	698,407,533	24.88
新電力	7,033,935	197,592,173	28.07
大手電力	21,037,695	500,815,360	23.81
電力・電灯　合計	72,437,307	1,603,898,077	22.14
新電力	12,833,299	326,398,288	25.43
大手電力	59,604,008	1,277,499,789	21.43

注：再生可能エネルギー発電促進賦課金、消費税、延滞金を含まない。2024年２月
出典：電力ガス取引等監視委員会

図表3-8　電力販売量・販売額・単価

販売額を示している。全国ベースの販売額しかないので地域ごとに異なる電気料金を示していないが、この表に基づくと1kWh当たりの販売単価は電灯供給で、新電力28・07円、大手電力23・81円。全供給量の単価は、新電力25・43円、大手電力21・43円となる。

電力小売事業者が万が一倒産しても電力供給は続く

2022年前半のエネルギー危機の際、一部の新電力は新規の契約受付を停止した。燃料価格上昇の影響が大きく、赤字になる可能性があったためだ。家庭用の電灯契約のみならず、産業用の電力契約でも燃料価格の先行きが見通せず、新電力、大手電力ともに新規の受付を停止する動きがみられた。この結果、どの電力会社とも契約を結ぶことができない事業者が出てきた。

家庭用電灯契約で供給を行っている小売会社が倒産あるいは事業から撤退した際には、新しい小売事業者と契約する必要があるが、もし見つからない場合には、経過措置料金と呼ばれる規制料金での供給を受けることができる。2020年3月に廃止予定だった規制料金はまだ継続されているが、将来廃止された場合には新規の小売事業との契約ができるまで大手電力が持つ送配電事業者から供給を受けることになる。

事業者向け電力供給も途絶えることがあっては困るので、特別高圧と高圧の需要家がどの小売り事業者とも契約を締結できない場合には、大手電力会社の送配電部門が最終保障供給に基づき電力供給を行うことが義務付けられている。2022年前半のエネルギー価格高騰時には、多くの事業者がどの小売事業者とも契約を結ぶことができず、最終保障供給に依存することになった。

2022年1月には、全国で最終保障供給の件数はわずか875件だった、燃料価格上昇を反映し毎月増加し、同年10月には4万5871件に達した。その後燃料価格の落ち着きと共に、減少し2023年3月に4万件を下回り、12月時点では8049件まで減少している。

増える電力需要、上がり続ける電気料金

⬇電気料金が低廉な北米では、無人の部屋の照明を消さないなどの無駄な電気の使い方もあった。一方、世界では電気を使えない人も、サブサハラと呼ばれるアフリカのサハラ砂漠以南、あるいは南アジアを中心に今も**7億人**いる。世界の人口の**約1割**になる。

⬇1人当たりの電力消費と1人当たりの国内総生産（GDP）との間には相関関係があり、電力消費量は**経済発展の段階**を示している。経済発展段階と電気料金により、電力を消費する部門も変化する。

⬇日本の電力需要は、**電灯**と呼ばれる家庭などが占める需要と、工場などの産業部門、オフィスビル、病院、学校などの**業務部門**の電力と呼ばれる需要に分けられ、電灯需要が全需要量の約3割、電力が約7割を占めている。

⬇電力需要は季節により変動する。夏季、冬季の需要は、春秋との比較では数割増える。電化率は、業務、家庭部門で高く、運輸部門では極端に低くなっている。夏季冬季の家庭の電力消費では、**エアコン**が**約3分の1**を占め、次いで冷蔵庫、照明、待機電力が占めている。

⬇日本の電力需要は2000年代から波を打ちながら減少している。しかし、今後需要は大きく増加する可能性が高い。まず輸送部門で**電気自動車（EV）**など電気の利用が進む。電気が利用できない部門では**水素**が利用されるが、水素を水の電気分解で製造することも増えるだろう。大きく需要を増やす可能性があるのは**AI**の普及に

伴う**データセンター**の増加だ。

⬇電気料金は、かつて原価を査定の上適正な利潤を認める**総括原価方式**で決められていたが、**自由化**すればコストが下がるとの考えが登場し、主要国では英国がいち早く1990年に自由化に踏み切った。自由化により将来の電気料金が不透明になることから、発電設備が減少する可能性があり、英国は設備を保有していれば設備容量に応じ資金が提供される**容量市場**を導入した。

⬇日本は2016年に電力市場を完全に自由化したが、大手電力の電気料金は、**地域ごとの発電設備構成**を反映している。電気料金の内約3割は、託送料金と呼ばれる**送配電のコスト**が占めている。市場自由化後も消費者保護のため、総括原価制度に基づく規制料金も大手電力のメニューの中に残されている。

⬇電気料金は使用量に応じ計算されるが、多くの会社では節電意識を高めるため使用量が増えれば、単価が上昇する制度が儲けられている。料金には、再エネ電源の導入を支援する**再エネ促進賦課金額**（2024年5月から2025年4月まで1kWh当たり3・49円）が含まれている。

⬇**新電力**と呼ばれる新規に参入した電力小売り企業のシェアは、電灯の販売電力量で2023年11月に25％となっているが、エネルギー危機以降減少傾向だ。

第4章

少子化にも影響を与える電気料金

社会課題と電力問題

少子化対策として重要な電気料金

日本の少子高齢化のスピードが増しているようだ。国立社会保障・人口問題研究所の2070年の中位の人口予想では、今から約3割人口が減少し8700万人になるとされるが、この予測よりも減少のスピードは速いようだ。人口減少は全国一律で進むわけではない。東京あるいは九州の中心地福岡の人口は、まだ増加する予測になっている。一方、北海道、東北、四国地方では、人口減少が大きく進むと推測されている。

2050年の人口予測では、2020年から人口は2146万人減り、1億人を辛うじて上回る。都道府県別では、人口減少数が最も多いのは大阪府の157万人だが、大阪府は人口が多いので比率でみると17・8％減だ。11県の減少比率は30％を超えると予測されている。人口減少が進む中で人は東京に集中するので、２０２０年と２０５０年の比較では東京都のみ人口が増加すると予測されているが、残り46道府県では人口減少が進む。

地方で人口が減り始めると、人は、地域の中心都市、多くの道府県では県庁所在地に集まり始める。いくつかの道府県と道府県庁所在地の人口予測を見ると、県庁所在地の減少が総じて緩やかだ。県庁所在地の周辺自治体でも人口減少があまり進まない市町がある。同じ道府県の中でも人口減少スピードは異なる。

過疎化が進む地域では公共交通機関がなくなる。スーパーマーケットもガソリンスタンドも消えていく。やがて水道料金は大きく上昇する。生活が不便になるから、人は地域の中心都市に引っ越しを始める。引っ越す元気がない人が過疎地域に残ることになり、地域を支える人が一段と減少し疲弊が進む。

人口減少の中で、インフラの維持は大きな問題になってくる。日本のインフラの多くは１億３０００万人の人口を前提に建設された。鉄道網、高速道路、送電網、上下水道などを、人口減少社会で維持することが可能だろうか。筆者は講演である地方都市を訪問する必要があり、主催者の方に鉄道の利便性を尋ねたところ、既に廃線になっていると聞かされ、過疎化が進む地域での現実を目の当たりにしたことがある。

日本の人口を現状レベルで維持することは、すでに少子化が進んでいるので不可能だ。少子化のスピードを緩やかにすることが必須だが、そのためには何をすればよいのだろうか。エネルギー価格、電気料金も少子化対策に重要な役割を果たすのだが、認識されているだろうか。

課題は未婚者の収入増

少子化の原因は何だろうか。日本で結婚していない人の比率は上昇を続けている。50年前に50歳男性で独身は1・6％、60人か70人に1人だったが、今は約30％、3人に1人に近づいている。社会の多様化が進むことも少子化の原因だろうが、もっと大きな原因は収入だ。

多様化の時代ともいえども、収入と結婚との関係を見ると、明らかに収入が影響している。収入が多い男性の8割から9割は結婚しているが、収入が低い人は、2、3割に留まる。収入が低く結婚したくてもできない人が結構いるということだろう。

政府は、児童手当増額などの少子化対策を打ち出しているが、あまり効果があるとは思えない。結婚している世帯の子どもの数は平均するとほぼ2人で、ここ数十年大きな変化はない。2人の子どもを持つ家庭が児童手当をもらえるから子どもを増やすということは多くないだろう。問題解決には結婚しない人を減らすことが重要だ。つまり、未婚者の収入増が課題になる。

児童手当増額よりも、はるかに実現は難しい。

２０２３年と２０２４年の春闘では賃上げが実現している。望ましいことには違いないが、失われた30年間と呼ばれた間、生産性の上昇がなく収入も低迷していた。30年前には日本は世界2位の経済力があり、世界のＧＤＰの18％を持っていたが、今４位、世界のＧＤＰの４％のシェアもない。経済力の低下を反映し、賃金も低迷しＧ7国中最低で、韓国にも抜かれていることを考えると、賃上げが長期間持続し、賃金が大きく上昇することが重要になる。

そのためには、生産性の上昇がカギになる。１人当たりの生産性が上昇しない限り、賃上げの原資がやがて尽きることになる。生産性向上にとり重要なことの一つは、エネルギー価格と電気料金だ。多くの企業にとり、費用に占めるエネルギー価格、電気料金は人件費に影響を与えるほどの額だ。そのコストを下げることができれば、付加価値額は上昇し賃上げの原資になる。

ちなみに、人口問題を解決する方法として移民についての議論もある。経済が発展すれば、米国のように多くの移民を受け入れない限り、先進国の多くは人口減少に直面する。日本の場合、少子化のスピードが欧州主要国よりも速いことに加え、さらに欧州主要国と違うこともある。英国、フランスは移民を受け入れている。英国であれば、インド、ナイジェリアなどの英連邦の国から、フランスであればモロッコ、アルジェリアなどの旧植民地の国からの移民が多い。その理由の一つは言葉だ。英語あるいはフランス語が国語だから、移住しても言葉に困ることはない。日本は言葉の問題もあり、短期的に人口減少を補うほどの移民を受け入れることは難しいだろう。

過疎化が進む地域では、生産性が高く若年層の雇用と相対的に高い賃金が期待できる産業を誘致することがカギになる。どの産業の生産性が高く誘致可能なのだろうか。

電気料金が経営に大きく影響する

大企業の満額回答が相次いだ2024年春闘を報じるニュースに登場した中小企業の製造業の経営者の方が、「電気料金の値上がりが大きいので賃上げは難しい」とコメントしていた。欧州発のエネルギー危機は、エネルギー価格と電気料金を大きく引き上げ、政府は激変緩和措置として2023年1月から電気とガス料金に補助金を出すことになったが、それでも産業の負担額は大きく増えた。2023年1月に1kWh当たり3・5円で開始された産業用高圧の電気料金に対する激変緩和措置は徐々に減額され、2024年5月の0・9円を最後に終了するので、さらに料金が上昇する。

業種により売り上げ、あるいは利益に占めるエネルギーと電力の費用は異なるのでエネルギー価格上昇の与える影響も異なるが、電気を利用しない産業はないので全ての会社が電気料金上昇による影響を受けた。その結果、大きな影響を受けた産業の中では、賃上げをしたくてもできない企業もある。

日本経済は１９９０年代前半にバブルが崩壊した後、失われた30年といわれる低成長の時代を経験した。この間の企業の業績も伸びなかったため１人当たりのＧＤＰも給与も増えなかった。国税庁の民間給与実態統計調査では、私たちの平均年収は１９９７年に４６７万円に達したのち、波を描きながら減少している。２０２２年の平均は４５８万円だ。25年間給与が増えないどころか減少している国だ。

１９９０年代初めのバブル経済崩壊以降、低成長の日本経済はデフレを経験してきた。１９９０年代後半には、不良債権問題により金融機関による貸し渋り、貸し剥がしもあり、企業は手持ち資金を厚くするため投資を手控え、設備投資と需要の減少はデフレ経済を悪化させることになった。そんな中、２００１年に発足した小泉政権は、デフレ脱却政策を取ることなくデフレ経済を長期化させてしまった。

小泉内閣時代に来日したポール・クルーグマン・ニューヨーク市立大学大学院センター教授は、当時の経済担当大臣と面談し、その結果をニューヨークタイムズ紙のコラムに書いている。

「大臣は経済のことがよく分かっていないのではないか。需要が足らないデフレ経済下で規制緩和政策を取れば供給が増えデフレはさらに悪化する。日本経済が良くなることを願うが、そうはならないだろう」と書き、今の姿を予見している。

生産性の高い産業の雇用が減少した日本

デフレにより同じ仕事でも給与は下落したが、もう一つの原因は産業構造の変化だ。日本の雇用者数の多い産業別の年収は図表4-1の通りだが、産業別の雇用者数は過去25年間大きく変動している。大きな傾向は、生産性の高い産業の雇用が減少し、生産性が高くない産業での雇用が増えたことだ。

法人企業統計によると1980年度の全産業平均の1人当たり付加価値額は、477万円だったが、1990年度715万円。10年間で1・5倍に伸びた。しかし、2022年度738万円と失われた30年間を反映し、1・03倍しか増えていない。30年間成長はほとんどなかった。付加価値額には人件費が含まれている。付加価値額が伸びなければ給与も増えるはずがない。

金融保険業を除く全産業平均を上回る生産性を持つ雇用者数が多い産業は、情報通信、製造、建設だが、産業別雇用者数の推移を見ると平均より1人当たり付加価値額が高い産業の雇用は増えていない。働く人の数は2002年の6330万人から2023年には6747万人に増加している。定年が延長されていることと働く女性が増えたことが労働力を増やした。しかし、産業別では製造業の雇用は1202万人から1055万人に減り、建設業は618万人から483万人に雇用を減らした。

かつて、海外のデパートの家電売り場を覗けば、日本製が幅を利かせ"Japan Quality"（日本品質）の札が掲げられていた。今欧州の店舗の家電売り場を占めてい

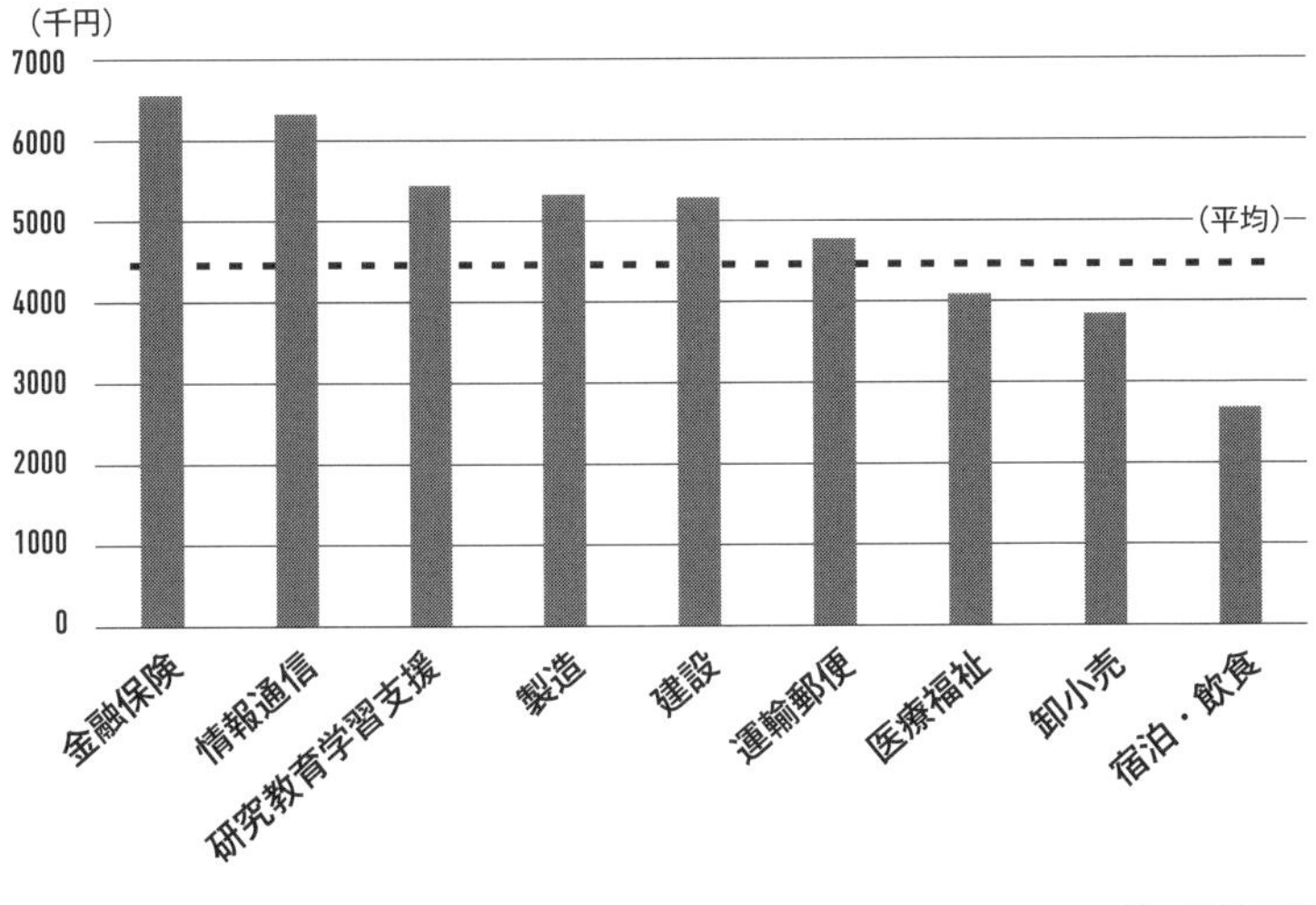

図表4-1　産業別平均年収

注：2022年年収
出典：国税庁民間給与実態統計調査

るのは韓国製家電だ。日本製は片隅に追いやられている。東南アジアでは、中国製と韓国製が売り場の大半を占め、日本製家電を特売売り場でしか見つけられないこともある。

日本の稼げる産業の代表だった製造業は失われた30年間に力を失った。雇用も減らした。1990年代半ばには1500万人を抱えていた製造業の雇用は今辛うじて1000万人だ。雇用を増やしたのは、機械化が困難なため生産性があまり伸びない医療福祉産業だった。474万人から910万人にほぼ倍になった。高齢化に伴い介護事業が伸びたが、その生産性は残念ながら高くはない。

そんな中で、電気料金の上昇は製造業を中心に費用増をもたらした。業種によっては、給与にも大きな影響を与えるほどの上昇額だった。

産業に影響する電気料金

電力を多く使用する製造業や小売業

企業が負担するエネルギーと電力使用に係る費用は、業種により異なる。製造業に電力を多く消費する企業が多いのは確かだが、小売業なども電力を多く使用する。スーパーマーケットでは冷蔵、冷凍、エアコン、照明と電気を使う必要がある。2022年から2023年にかけ電気料金が高騰した際には、節電のため陳列棚の照明を消す、あるいは商品を取りやすくするため扉を付けていなかった冷蔵庫に扉を付けるスーパーもあった。

少し古いデータだが、環境省の温暖化対策に関する2004年の資料では、1万平方メートル（㎡）の広さの大規模スーパーでのエネルギー消費量の62%は照明用、換気エアコン用19%、冷ケース用8%、厨房用7%、昇降機4%であり、電力使用がエネルギー消費の大半を占めている。小規模スーパーでは、冷凍設備55％、照明18％、空調12％、厨房他15％だ。

大規模スーパーの電気料金は年間7000万円とある。資源エネルギー庁の電力情報によると、当時の高圧平均料金では業務用が14・8円（税抜き）だったので、税を考慮すると使用電力量は約450万kWhと推測される。

2023年12月の高圧の税込み平均料金は、1kWh当たり24・9円なので、電気料金は約1億1200万円になっていると推測される。総合スーパーのイオンが全国に持つイオンモールの総面積は約770万㎡だ。実際の支払額は電力の契約によるが、仮に1万㎡当たり1億1200万円とすると年間の支払い電気料金は、800億円を超えていると推測される。イオンモールの国内従業員数31万人で割ると、1人当たり年間26万円の電気料金の負担になる。

この環境省の資料には、延べ面積10万㎡のホテルの電気料金が年間2億円、1万㎡の研究機関で年間3000万円、140㎡のコンビニで150万円、6万m^2の市役所で8000万円の例が紹介されている。2011年の東日本大震災以降原発の停止による化石燃料消費量の増加、再エネ導入支援のための賦課金により、電気料金は大きく値上がりしており、資料の時点と現在の料金を比較すると電気料金の負担額は約6割増えている。

製造業の中には、大きなエネルギー、電力消費を持つ業種もある。エネルギー多消費型と呼ばれる製鉄、セメント、化学、紙パルプが代表だが、清涼飲料水製造、電子デバイスなども電力消費量が相対的に大きい産業だ。経済構造実態調査によると従業員30人以上の製造業の２０２１年の出荷額２６４兆円に対し電力使用額は４兆円、出荷額に対する比率は１・５％だ。

ただし業種により出荷額に対する電力使用額比率は大きく異なる。繊維３％、化学１・７％、紙パルプ２・２％。高炉による製鉄４・１％、窯業・土石３・７％、電子デバイス４・０％、輸送用機器０・８％だ。エネルギー多消費型産業の電力使用額の比率があまり高くないが、これらの産業では燃料使用費が電力使用額を上回っており、電力に加え化石燃料を自家発電設備などで利用している。

補助金終了でさらに上がる電気料金

エネルギー多消費型産業では、従業員１人当たりの電力使用額も多くなる。製造業平均の使用額66万円に対し、高炉製鉄８０９万円、化学１３２万円、窯業・土石１１２万円、紙パルプ96万円だ。電子デバイス２２３万円、清涼飲料水製造１２７万円も電気料金の負担が大きい業種だ。繊維44万円、輸送用機器43万円、電気機器・器具31万円は負担額が相対的に低い業種になる。

図表4-2が、人件費に対する電気使用額の比率を示している。製造業平均では人件費30兆2200億円に対し4兆円なので約13％になる。2022年1月から2023年12月までの2年間に特別高圧の電気料金は24％値上がりしたので、2021年実績に基づくこの比率も今では16％程度に上昇していると推測される。人件費に対する負担の大きい業種では、電気料金の値上がりが賃上げにも大きな影響を与える。

2023年1月に始まった激変緩和措置による産業用の高圧電気料金の補助金は当初の1kWh当たり3・5円から1・8円、0・9円と徐々に減額されていたが、2024年5月に終了となるので、7月の料金請求から電気料金は一段と上昇する。その

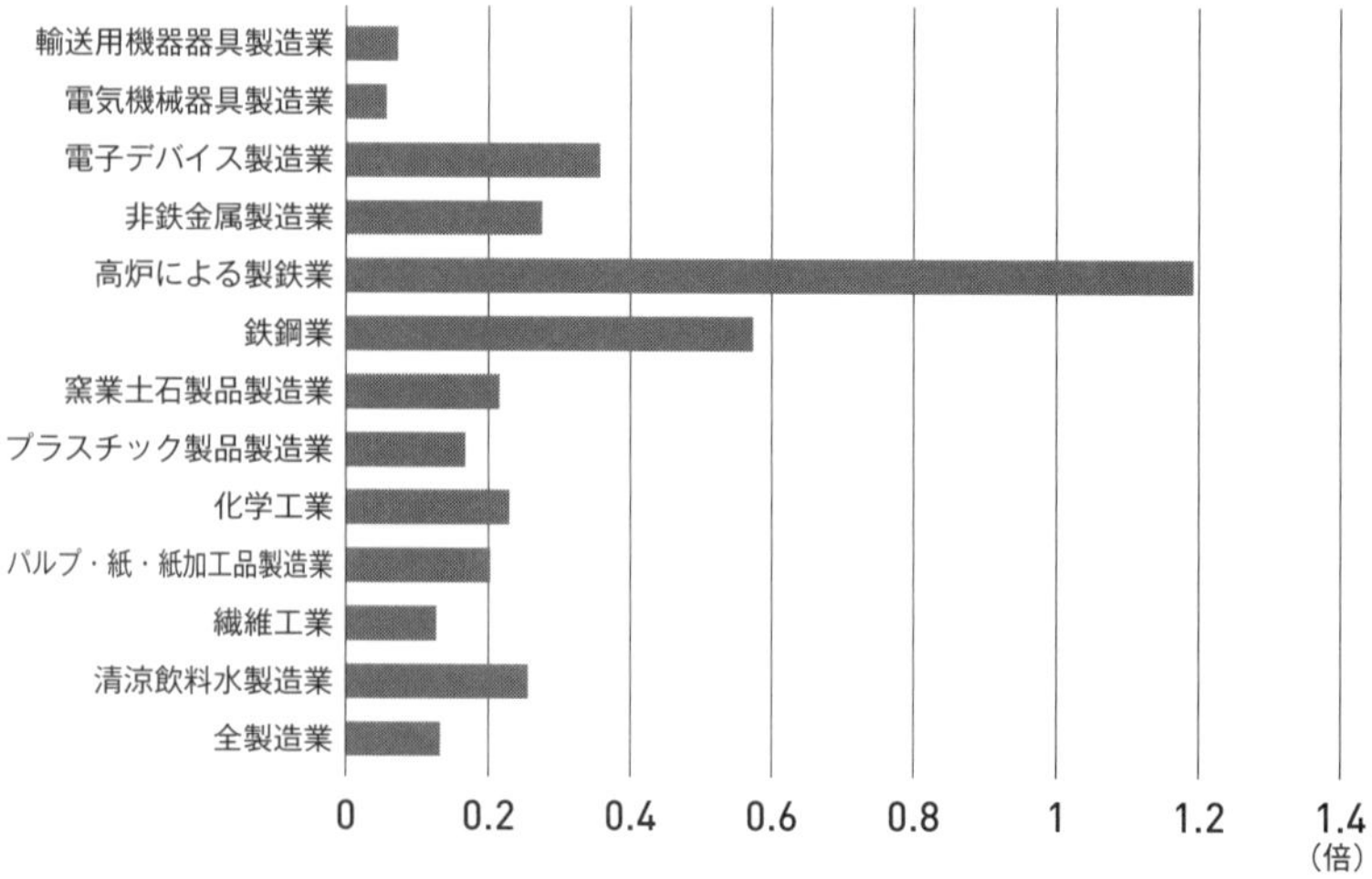

図表4-2　人件費に対する電力使用額の比率

注：2021年実績
出典：経済構造実態調査

前に、2024年5月からは第5章でも触れる再生可能エネルギー発電促進賦課金が1kWh当たり1円40銭から3円49銭に上昇した。人件費に対する電力使用額の比率は、約20％程度まで上昇する可能性がある。製造業平均で見ても、2024年前半の電気料金の値上がり額は3％、4％の賃上げ額に相当する金額になる。

脱炭素で給与の高い雇用が失われる？

電気料金は働く人の賃金を変えるほどの影響があるが、産業構造の移り変わりも平均賃金に影響する。先に触れた通り日本では生産性、つまり1人当たり付加価値額が高い産業の雇用が減少しており、雇用は相対的に付加価値額が低い産業に移っている。少子化を防ぐためにも製造業のように相対的に賃金の高い産業の維持が重要なのだが、そのためには低廉な電気料金が必要だ。

だが、脱炭素のための政策はこれから電気料金を押し上げる。脱炭素を目指し導入が予定されている炭素税は化石燃料を消費する産業に、また排出権取引は電力会社などにCO_2排出に基づく負担を求める政策だが、最終的には消費者の負担にならざるを得ず電気料金を上昇させる。電気料金が上昇すれば、エネルギー多消費型産業はエネルギー価格の安い海外立地を目指し流出する可能性がある。そうなれば、さらに相対的に給与の高い雇用が失われる。

エネルギー多消費型の製造業にとって、エネルギー価格と電気料金は死命を制するインパクトを与える。主要国のＧＤＰの構成比の中で製造業が占める比率を見ると、日本19％、ドイツ18％、米国11％、フランス10％、英国８％（世界銀行の２０２２年のデータ・米国のみ２０２１年）。エネルギー価格上昇の影響を大きく受ける国は、製造業比率が高い日本とドイツだ。

失われた30年間、日本企業、なかでも製造業は国内市場でも輸出でも低成長だった。日本の家電製品が国際競争力を失ったことが象徴するように日本の輸出額は大きく伸びなかったが、世界の貿易が大きく拡大した恩恵を少しは受け、１９９３年の輸出額３６２２億ドルは、２０２２年７４７０億ドルに成長した。

この30年間世界の輸出額合計は、３兆５９３５億ドルから24兆９２６３億ドルに約7倍に成長したので、日本の世界に占めるシェアは、10・１％から３・０％に低下した。日本を除く主要国の多くが輸出額を伸ばした。米国の輸出額は４６４８億ドルから２兆６４３億ドルに、フランスは２２２２億ドルから６１７９億ドルに伸びている。中でも大きな伸びを示したのは中国と韓国だ。２０２２年の中国の輸出額は３兆５９３４億ドルで世界一だ。韓国は６８３６億ドル、日本に次ぐ世界6位だ。

1993年のドイツの輸出額は日本とほぼ同じ3805億ドルだったが、2022年には日本の2倍を超える1兆6576億ドルに成長している。中国、米国に次ぐ世界3位だ。ドイツ経済の成長に寄与したのは輸出産業だ。ユーロの発足により貿易黒字が通貨高による修正を受けにくくなったことと、東欧諸国との分業が機能していることもドイツの輸出を支えているが、エネルギー・電力価格の貢献も見逃せない。

低廉なロシア産天然ガスに依存していたドイツ企業

ドイツの産業界は、1973年からパイプライン経由で供給されたロシア産天然ガスを利用している。天然ガスの購入には、オランダとドイツ間の取引で開発された原油価格にリンクする長期契約の利用が世界標準となった。このフォーミュラは日本のLNG購入にも利用されている。ロシア産天然ガスの購入にも当初利用されていたが、2000年代半ばから欧州の需要家は、都度価格を決めるスポット契約での購入が価格面で需要家に有利と判断し、長期契約からの移行を開始した。日本の需要家は購入量の大半を長期契約で購入する形態を依然維持している。

スポット契約への移行により、2000年代には日本が購入するLNG価格を上回ることすらあった欧州需要家向け天然ガス価格は、シェール革命により価格が下落した米国価格に近付き、日本向けLNG価格を常に下回るようになった。欧州需要家は安価な天然ガスの入手に成功し、ドイツの産業界も安価な天然ガス利用により競争力を増した。

ロシアが2021年半ばから欧州向け天然ガス供給量を絞り始めたことから価格も上昇を始めた。ロシアの狙いは、天然ガス出荷量を削減し単価を大きく上昇させることにより、収入を増やすことにあったと思われる。おそらくウクライナとの戦争に備えた戦費を用意していたのだろう。

2022年のロシアによるウクライナ侵攻以降は、ロシアに戦費を渡さないため供給量削減を進める欧州諸国に対し、ロシアは供給量をさらに絞ることにより欧州諸国を揺さぶる戦術に出た。供給量は大きく減少し価格も高騰した。低廉なロシア産天然ガスに依存していた、いくつかのドイツ企業は、エネルギー価格が安い米国あるいは東欧への工場の移転の検討を始めた。

ドイツ政府は、エネルギー多消費型産業の企業に対しては電気料金に課せられる税を免除し、国際競争が可能な電気料金を実現している。対象となる企業数は2000を超え、対象となる消費量は産業部門の電力消費の45％に相当する。しかし、天然ガス価格の上昇は産業用電気料金も引き上げた。

電気料金の上昇もドイツ企業を直撃した。高圧の新規契約（年間使用量１６００万から２０００万kWh）の電気料金は、２０２１年平均１kWh当たり21・38ユーロセント（35円）から２０２２年43・20セント（71円）に高騰した。ドイツ政府は再エネの賦課金額１kWh当たり６・５ユーロセントを２０２２年７月に消費者負担から政府負担に切り替えるなど電気料金抑制に努めた。２０２３年の高圧の新規契約価格は24・46セントに下がったが、２０２０年の17・76セントとの比較では依然高い水準だ。

エネルギー価格上昇が招く独企業の海外流出

化学、鉄鋼などのエネルギー多消費型産業の海外、特に全ての化石燃料を自給し、エネルギー価格が低廉な米国への産業の流出を恐れたドイツ政府は、産業用電気料金引き下げに乗り出した。緑の党出身のロベルト・ハーベック経済・気候保護相は、産業用電気料金を米国並みの１kWh当たり８ユーロセントまで引き下げると主張したが、オラフ・ショルツ首相、クリスティアン・リントナー財務相などの反対にあい、税の引き下げ、CO_2の排出に関する補助金の継続など、当初の引き下げ予定額の半分程度の補助を5年間継続する案になった。それでも、2024年の補助金支出額は、120億ユーロ（約2兆円）に達する。

ハーベック経済・気候保護相は、ドイツの電力供給の主体が再エネ電源になれば、電気料金は下がるので5年間の補助で足りると主張しているが、信じている人はあまりいないだろう。ドイツの家庭用電気料金は、2023年平均1kWh当たり45・73ユーロセント（75円）まで上昇した。この電気料金を作り出した原因の一つは、再エネによる発電コストに加え送電と不安定な発電をバックアップする費用だ。再エネ電源が主体になれば電気料金はさらに上昇するだろう。家庭は電気料金の上昇にいつまで耐えられるのだろうか。

ドイツ政府は製造業の電気料金を税投入により引き下げるが、日本の財政にはドイツほどの余裕はない。日本の取れる戦略は、発電と送電コストの引き下げだが、第6章で見るように現在の脱炭素政策では電気のコストは引き上げられ、製造業を中心に雇用にも給与にも悪影響が生じそうだ。

物価上昇と電気料金の関係

エネルギー価格の上昇が物価を押し上げる

私たちの年収が増えないことから、家庭の支出額も波を打ちながら減少している。2000年2人以上世帯の月平均消費支出額は31万7000円だった。2020年には27万7000円まで落ち込んだ。2023年には29万4000円まで戻したが、20年以上の間、消費支出が低迷している。この背景には年収の落ち込みに加え、高齢化が進み消費支出が少ない高齢者世帯が増えていることもある。

落ち込んでいる支出の中でも、衣服履物費は2000年から4割以上落ち込み、パック旅行費もコロナ前の段階で4割減少している。こづかい・交際費も6割近い落ち込みだ。収入が伸びない中で、平均的な家庭は旅行にもあまり行かなくなっている。観光産業は国内の観光客に期待できそうにはない。外国人観光客の消費に期待する地域もあるが、外国人観光客が大きく消費する地域は限定され、北海道、東京、千葉、愛知、京都、大阪、福岡、沖縄に集中している。それ以外の地域では日本人観光客の10％にも満たない消費額がほとんどだ。２０２３年4月から12月の訪日観光客の消費額は3兆１５００億円だが、そのうち3分の1以上の1兆１２００億円は東京、大阪で６３００億円、京都で２７００億円使われている。特定の地域以外インバウンド需要は大きな経済効果を与えない。

日本のどこに行っても、名所があり、名物料理がある。どの地域も観光資源があるので、観光での地域興しは簡単に見える。多くの地域が観光客の誘致に乗り出しているが、日本人が観光にお金を使わなくなっているので観光で地域が豊かになるのは難しい。観光産業の生産性が高くない、要は給与が高くないことにも注意が必要だ。ある程度給与が高くなければ若年層は地域に留まらない。地域が少子化に取り組むために何をすべきか、エネルギー・電力産業の視点から第6章で触れる。

消費が落ち込む中で、電気代への支出は原子力発電所の停止が始まった２０１２年から少しずつ増えていたが、エネルギー危機を反映し２０２１年から２０２２年にかけては約2割上昇している。同時期ガス代への支出も13％上昇した。食料品の価格も２０１０年代半ばから少しずつ増えていたが、２０２２年から２０２３年にかけては、エネルギー価格の上昇を受けた値上がりがあり、食料品への支出額も6％上昇した。

電気料金をはじめとするエネルギー価格は物価に大きな影響を与える。製造時の電力使用が多い産業、たとえば紙製品の製造では電気料金の上昇はたちまち製品価格への転嫁が必要なほどコストを引き上げる。輸送にはトラックが利用されるので、ディーゼル価格の上昇が輸送費に影響を与える。食品、日用品の販売を行うスーパーマーケットの電力使用額については、先に見た通りだ。日本を代表するような大きなスーパーでは、2021年からの電気料金の値上がりによる負担額の増加は年間100億円を超えると推測される。

製造、輸送、販売業者がこのコスト増を吸収することは難しく、エネルギー価格の上昇は物価を押し上げる。ロシアが引き起こしたエネルギー危機は、まず欧州諸国のエネルギー価格と電気料金を大きく引き上げ、欧州諸国の物価にも大きな影響を与えた。

欧州で増加する「エネルギー貧困」層

欧州主要国の電気料金と物価の推移を見ると、エネルギー価格と電気料金の上昇の消費者物価への影響がよく分かる。2021年のドイツの家庭用電気料金は、1kWh当たり32・16ユーロセントだったが、２０２２年に37・91セントに上昇した。政府は再エネ賦課金額の電気料金による負担を廃止し、税負担に代えるが、先に見たように２０２３年には45・73セント、日本円換算で70円を超えるレベルにまで上昇した。２０２４年になり多少下落したが年初の時点で42・32セントと依然として高いレベルだ。

電気料金をはじめとするエネルギー価格の上昇は、消費者物価指数も引き上げた。２０１５年を１００としたドイツの消費者物価指数は、２０２０年１０５・８、２０２１年１０７・２、２０２２年１１８・７、２０２３年１２５・９と上昇した。上昇したエネルギー価格はインフレと金利の上昇を引き起こし、消費と設備投資の低迷により２０２３年のドイツの経済成長率はマイナスになった。

エネルギー価格と電力料金の上昇は、ＥＵ市民の中のエネルギー貧困と呼ばれる人たちを増加させた。欧州では、消費支出のうち10％以上をエネルギーに当てる世帯をエネルギー貧困と呼ぶことがある。暖房が必要になる冬季に暖房か食料かの選択を迫られる世帯とされる。世帯収入が少ない層は、支出の10％以上を必需品のエネルギーに当てる必要があることもエネルギー貧困に陥る背景にある。

ＥＵでは、消費支出に占めるエネルギーの構成比は平均では10％を超えることはなかったが、２０２２年の平均は11・２％に達した。相対的に所得の低い東欧諸国の中には14％、15％の国もあったが、ドイツも12％になりエネルギー貧困層が4割を超えたと報道された。

日本の消費者物価指数の2024年のエネルギーの構成比は7・1％。EUの数字を下回っているが、その理由の一つはガソリン価格の差にあると思われる。EU諸国ではガソリンに対する課税額が大きく、2024年3月時点でのフランスの価格は1リットル当たり1・849ユーロ、ドイツ1・798ユーロ、イタリア1・869ユーロだ。日本円では約300円になる。多くの西欧諸国の家庭用電気料金が日本より高いことも、EU27カ国でのエネルギーへの支出が相対的に大きくなる理由だ。

電気代を下げるには
発電コストを下げる工夫が必要

エネルギー価格と電気料金は産業と生活に大きな影響を与えるが、どうすれば下げられるのだろうか。第3章で触れたように、送配電の費用が電気料金の約3割を占めているが、この費用には削減余地はない。今後再エネ導入量が需要地から離れた地域で増加すると送電線網の増強が必要になり、その費用は料金の上昇を招く。

電力の自由化により消費者の選択肢は増えた。たとえば、再エネの電気を購入したい消費者にはメリットあったが、小売事業者を増やしても下がるコストはない。小売事業者の工夫で料金を下げる余地もほとんどないだろう。

結局、電気料金を下げるには発電コストを下げる工夫が必要だ。大手電力会社は、１９７３年の第一次石油危機による原油価格の上昇以降、電気料金を抑制するため安定的に調達が可能な石炭を、オーストラリア、北米、インドネシアなどから輸入し、原子力とＬＮＧ火力からの発電も利用することで欧州主要国の電気料金と変わらないレベルの発電コストを達成した。

石炭の輸入価格は、50年間にわたり発熱量当たりでは、石油よりもＬＮＧよりも常に安かった。ロシアが引き起こしたエネルギー危機により燃料用石炭価格は２０２２年秋に史上最高値を付けたが、その時点でも石油、ＬＮＧの価格を下回っていた。

主要国が脱炭素に向かう中で、石炭火力の利用について厳しい目が注がれているが、連携線がつながる欧州、自然条件とエネルギーに恵まれる米国と日本の状況は大きく異なる。日本は、可能な限り低廉なエネルギーを利用し発電を行うしか電気料金を下げる方法は残念ながらない。

脱炭素のために再エネも原子力発電も必要だが、温暖化問題については必達目標ではなく、もう少し楽観的に考え、電源の多様化の中で石炭も利用し発電コストの抑制を考えることが重要だ。

少子化にも影響を与える電気料金

➡日本では少子化が進んでいる。２０５０年の予想人口は、今から２０００万人以上減少する。人口減少の最大の原因は、結婚しない人が増えたためだ。50年前50歳で独身の男性の比率は１・６％だったが、今は30％に近い。

➡結婚しない理由の一つは、**所得**にあるようだ。所得の高い男性の結婚している比率は高いが、所得が低い男性の比率は低い。

➡少子化を止めるには**給与増**が有効な政策に思えるが、給与には**エネルギー価格**、**電気料金**も関係する。

➡バブル経済後の１９９０年代からの失われた30年の間、日本経済は低成長を経験したが、この間生産性も伸びず、給与も増えていない。その理由の一つに**産業構造の変化**がある。生産性が比較的高い製造業、建設業が雇用を減らし、生産性が相対的に低い医療・介護分野の雇用が増えている。生産性が高い分野から低い分野への雇用の移動は、**平均給与を引き下げた。**

➡企業の収益には、**電気料金**が大きな影響を与えている。大手スーパーであれば、従業員1人当たり年間数十万円の電気料金を負担している。

➡エネルギー多消費型産業と呼ばれる鉄鋼、紙パルプ、セメント、化学では、従業員1人当たり、大きな額の電気料金を支払っている。たとえば、高炉製鉄では８０９万円、化学では１３２万円だ。

➡製造業の人件費と電力費を比較すると、平均では電力費は人件費の16％程度になっていると推測されるが、業種により大きな違いがある。高炉製鉄業では電力費が人件費を上回っている。

➡ドイツと日本は先進国の中で**製造業**の比率が高い。ドイツの製造業は**ロシア産の低廉な天然ガス**を利用し国際競争力をつけ、輸出を大きく伸ばした。**エネルギー危機**により、ドイツのエネルギーコスト、電気料金は大きく上昇したので、ドイツ政府は企業が安価なエネルギーを求め海外に流出することを懸念するようになり、**補助金**により電気料金を引き下げる政策を導入した。財政に余裕のない日本は同様の政策を取ることは難しい。

➡エネルギー価格、電気料金はさまざまな商品の価格に影響を与える。製造時のエネルギー・電力消費量と価格は、製品の価格に影響を与える。輸送に利用するトラックの燃料、食品、製品の販売に際し必要な冷蔵・冷凍、エアコン、照明の電気とエネルギー・電気の影響はあらゆる分野に及ぶ。

➡欧州では、支出の10％以上をエネルギー購入に充てる世帯を**エネルギー貧困**と呼ぶことがある。冬季には暖房か食料かの選択を迫られる家庭だ。日本のエネルギーへの支出は欧州ほど高くないが、その理由の一つはエネルギー危機後日本の電気料金が欧州の多くの国より低廉なレベルに留まっていることがある。

第5章

停電危機はなぜ起きる

電力自由化が引き起こした電気代上昇と停電

カリフォルニア州電力自由化の教訓

英国が始めた電力市場自由化に倣い、米国のいくつかの州も電力市場の規制緩和、自由化の検討に踏み切った。その中でも、カリフォルニア州は発電部門に競争原理を持ち込めばコストを下げることが可能になると考え、１９９６年に電力市場の規制緩和に関する法を定めた。発電部門、送電部門、小売部門を垂直統合の形で保有していた州内の3電力会社に対し、火力発電所を売却し、送電部門を州の送電管理機構（ＣＡＩＳＯ）に移すことを指示した。

3電力会社は火力発電部門を全て売却し、新たに11社が火力発電設備を購入し、発電事業者として参入してきた。小売部門を保有したままの電力会社は卸電力市場を通し発電された電力を購入するが、自由化による電気料金上昇を懸念した州政府により小売料金を凍結された。

自由化は1998年4月に開始された。発電部門を自由化すれば発電設備が増え競争により価格が下がる見込みだったが、発電設備は増えることはなく、卸電気料金は徐々に上昇した。3電力会社のうち、サンディエゴ・ガス・アンド・エレクトリックだけ小売価格の凍結解除の条件を満たし、料金値上げが認められていたが、1999年夏には家庭の電気料金が2倍以上に上昇した。

2000年には卸電力価格が8倍に高騰し、6月サンフランシスコ地区が停電に見舞われた。節電が呼びかけられ、州政府ビルの年末のクリスマスツリーの点灯さえできなくなった。2001年が明けてからは大規模停電が発生し、1月17日州政府は非常事態を宣言した。小売料金の凍結が続いていたパシフィックガス・アンド・エレクトリックは、卸料金の高騰による赤字に耐えられず4月に会社更生法の申請に踏み切った。

市場が落ち着いたのは、2001年9月になってからだった。市場設計の失敗と呼ばれることもあるカリフォルニア州の電力危機だが、発電部門を自由化すれば、競争により発電コストが下がるという州政府の予測に根拠はあったのだろうか。新規に参入する事業者が購入する燃料価格が安くなり、発電コストが下がることは考えにくい。現実に起こったことは、発電設備は増えず、既存設備からの発電に依存する卸価格の上昇だった。

電力市場を自由化すれば、将来の卸電力価格はその時点での需要と供給に依存するので、いくらになるか分からない。価格の予見性のない収益見通しが不確実な発電設備に新規に投資する事業者は登場しない。一方、既存設備を購入した事業者も投資の回収を行う必要がある。本来収益の見通しが不透明な中では、設備の買収資金を抑え投資金の確実な回収を見込むはずだが、カリフォルニア州で既存設備の買収を行った事業者は一律に高値を支払っている。

破綻したエンロンが行っていた市場操作

高値買収の根拠は将来の卸価格の上昇だ。既存設備からの発電量、供給量を抑制すれば、価格は上がると考えたのだ。11の事業者の中の最大手エンロンが2001年末に破綻し、価格つり上げのからくりが明らかになった。

1998年に自由化が始まった直後から、設備を買収した事業者は自社の発電を止めれば市場価格がどう変化するのか、また他の事業者がどう反応するのか様子をうかがい始めたと言われていた。中でも、エンロンは意図的に設備を止め供給量を削減することで、市場価格を上昇させているのではないかと噂されていた。

エンロンは、天然ガス・電力取引を主体とする2万2000人の従業員を抱えるエネルギー企業であり、2000年には売上高が1000億ドルを超え、売上規模では全米第7位の大企業だった。筆者が当時取引をしていた米国のエネルギー企業の中に平気で嘘をつく幹部社員がいたが、やがてエンロンに転職した。エンロンも信用できない会社ではないかと当時疑った覚えがある。

エンロンは日本にも進出し、青森県、山口県での発電所建設計画を発表したが、実現する気はなく株価のつり上げだけを狙ったものだったと言われている。エンロンが破綻した際に、従業員の多くは株価上昇が続く自社株を保有していたので、一夜にして収入と資産を同時に失った。エンロン破綻後に米国ではリスクを分散するため自社株購入は避けるべきと言われ始めた。

エンロンは粉飾決算を行っていたことが明らかになり2001年末に破綻したが、その後の清算過程で電話のやりとりを録音したテープが大量に見つかった。そのテープの中にカリフォルニア州に電力を供給していた発電所と本社との会話が録音されており、卸価格上昇を目的に意図的に発電所を止めていたことが明らかになった。他の発電事業者の中にも同様の行為があったのではないかともいわれている。

電力インフラを担う事業者は安定供給を第一に考えるはずだが、エンロンのような会社は、安定供給よりも自社の利益を優先させる。自由化により参入してくる企業を道義的な基準で選別することは不可能だ。２００８年にノーベル経済学賞を受けたポール・クルーグマン・ニューヨーク市立大学大学院センター教授は、カリフォルニア州の電力危機に際し「自由化してはいけないものは３分野。医療、教育、電気」と書いた。いずれも利益だけを目的に事業を進めてはいけない分野ということだろう。

カリフォルニア州は自由化を中断したが、それにもかかわらず２０２０年に再度停電を経験した。その停電の理由は再エネ導入だった。

再エネで再度停電を招いたカリフォルニア州

カリフォルニア州は日本よりも少し広い面積を持ち、人口約３９００万人。全米一の経済力を持ち、州内総生産は３・８兆ドル。民主党の地盤ゆえか温暖化対策に熱心な州だ。全米で最も早い脱炭素を目指し２０１８年に当時の民主党ジェリー・ブラウン知事が知事令として「公正な移行により２０４５年ネットゼロ実現を達成する」と公布した。同じく２０１８年には州内で販売される電気を２０４５年までに全て脱炭素電源からにする１００％クリーンエナジー法が施行された。

州の温室効果ガス排出量の50％を占める輸送部門からの排出削減にも力をいれており、州独自の規制を掲げた自動車からのCO_2排出抑制、ＺＥＶ（ゼロ排出車）と呼ぶ電気自動車（ＥＶ）、燃料電池車（ＦＣＶ）の導入も後押ししている。２０３５年に内燃機関自動車の販売を禁止する予定だが、全米では共和党主導の「自動車購買の選択の自由法」が下院で採択されており、内燃機関自動車禁止には反対の声も大きい。住宅への太陽光パネル導入義務化政策なども実施されている。

発電部門からのCO_2排出抑制のため太陽光パネル、風力発電設備導入を進めると同時に、天然ガス火力発電所の休廃止、代替として大型蓄電池導入を電力会社に指示していた。火力発電所の利用率が低迷しているので、短時間の放電しかできない蓄電池でも十分に対応可能との説明だった。

電力会社は粛々と火力発電設備の廃止を進めた。そんな中、２０２０年夏米国西部は熱波に襲われた。米国の夏は日本と違い湿気がないので比較的過ごし易い。北部の州では天然ガスの暖房設備だけでエアコンがない住宅も多いし、使わなくても過ごせる。カリフォルニア州ではエアコンなしでは過ごせないが、日が落ちればエアコンを止めても大丈夫なことも多い。

２０２０年の熱波は通常とは違った。カリフォルニア州内陸部のデスバレーの気温は摂氏

54・4度に達し8月として最高を記録した。体温、温泉よりも熱い大気だ。エアコンの使用もうなぎ上りに増え、8月中旬には停電の危機が叫ばれ始め節電が要請された。送電管理者CAISOは、冷房温度の設定変更、家電製品の使用抑制を呼びかけた。

周辺の州に送電を依頼しても、熱波に襲われている状況は同じなので送電はない。州内で電力需要を賄う発電量の確保が難しくなっていた。再エネ設備を導入し火力発電所を廃止したためだ。再エネ電源は需要に応じて発電できない。天候次第だ。カリフォルニア州は日照に恵まれているため太陽光発電設備の導入が進んでいた。日没後には発電がなくなり、代わりに火力発電設備を使う必要があるが、その設備が不足していた。州政府の閉鎖の指示に加え、電力会社も再エネ設備からの発電量の増加により利用率が低迷し、赤字になっていた天然ガス火力設備の閉鎖を進めていたためだ。

8月15日の夕方、日中に約1200万kWの発電を行っていた太陽光中心の再エネ設備からの発電量が日没と同時に落ち始め、19時すぎには300万kWになってしまった。日没と同時に数十万世帯が停電した。翌日も停電が想定されたが、停電を経験した州民の節電努力があり停電は免れた。

CAISOは、停電を引き越したのは州政府の火力発電所の閉鎖指示にあると非難する事態になり、ギャビン・ニューサム知事が釈明することになった。発電所の閉鎖指示は取り消され、閉鎖が予定されていた発電所の継続使用が指示された。当時のドナルド・トランプ大統領は、民主党が政権を取れば全米がカリフォルニア州のように停電すると発言した。

翌2021年夏も熱波が予想されたが、夏前に共和党支持者が民主党のニューサム知事の解職（リコール）運動を展開し、9月に投票が行われることになった。民主党が地盤とする同州でリコール成立の可能性は低いと思われたが、停電が再度起きればリコールが成立するとも言われた。

ニューサム知事は、停電回避のため工場などに自家発電設備の運転を依頼する一方、節電を行った工場などに対し電力価格の10倍を超える最大1kWh当たり2ドルの支払いを決め、さらには通常は陸上から送電を行う係留中の船舶への供給取りやめなどなりふり構わず節電を行い、停電とリコール成立を回避することに成功した。

米国で知事が解職された二つの事例のうち一つは、電力自由化の結果停電を引き起こしたグレイ・デービス・カリフォルニア州知事が2003年にリコールされたものだ。後任知事に俳優のアーノルド・シュワルツェネッガーが選出されたことは有名だ。リコール成立の背景には、大規模停電を発生させ、破綻した電力会社に代わり州政府が電力購入のため日本円で1兆円以上を負担したこともあったのだろう。

米国のエネルギー生産の中心地・テキサス州で起きた停電

テキサス州はカリフォルニア州に次ぎ、ニューヨーク州よりも大きな全米第2位の経済規模、州内生産2・6兆ドルを持つ州だ。面積は日本の2倍近く、人口もカリフォルニア州に次ぐ約3000万人。米国のエネルギー生産の中心地だ。2000年から2001年のカリフォルニア州の電力危機の原因を作ったエンロンも州の最大都市ヒューストンに本社をおいていた。

石油も天然ガスも石炭の一種の褐炭もあり化石燃料に恵まれた州だ。まさかテキサス州で電力供給が不足することがあるとは思えないが、停電した。電力市場自由化がその原因だが、カリフォルニア州のように意図的な発電所の停止があったわけではない。

2000年から2001年のカリフォルニア州の大停電は、電力市場の自由化を検討していた多くの州を規制に留めることになったが、テキサス州は2002年1月から自由化に踏み切った。自由化の方法は一つではない。カリフォルニア州のように、発電、送電、小売りの垂直統合の形から、発電部門を分離し、発電事業者を増やし競わせる一方、送電部門を送電管理者（ISO）に移すが、小売部門は自由化しない方法もある。

テキサス州では、発電した電力は卸電力市場で取引され、自由化された市場に参入した電力の小売会社が卸市場から仕入れ消費者に販売する。消費者は、提供されるさまざまな料金体系に基づき小売企業を選択し契約する。

テキサス州は、ローンスター（一つ星）の州と呼ばれ、かつてのテキサス共和国の歴史からも独立色が強い。電力市場はごくわずかメキシコと東側の隣接州と連携するのみで電力融通も期待できないほぼ独立した系統になっているので、供給不足に陥った際に外部からの助けはない。しかも、自由化により発電価格の予見性がなくなるので、発電事業者は老朽化する発電設備を建て替えなくなると考えられるが、州政府の公共事業委員会は、需給がひっ迫した際に卸電力価格を大きく引き上げることにより事業者に収益を提供する形の市場とした。

通常の卸電力の取引価格1kWh当たり2セントから4セントは、最高9ドルまで引き上げることが可能とされた。数百倍にもなり、その卸価格高騰の時間が続けば発電事業者は収益を確保可能だ。発電設備が減少し供給が減れば、卸価格が大きく上昇することから、新規の発電設備建設を促すシグナルになるはずだ。一方、電力価格の上昇により消費者の節電意欲が高まり、需要は抑制されるはずと州委員会は考えたのだろう。

テキサス州の電気料金が月額100万円にまで高騰

米国の電力事業は、州政府を通し連邦政府のエネルギー規制委員会（ＦＥＲＣ）の監督下に置かれているが、テキサス州のみ連邦の制度を離れている。１９３５年に連邦政府が州間の送電に関する規制法の整備を行った際に、既にテキサス州のみ独自の送電網を整備していたので、連邦政府の規制外になった。ＦＥＲＣの規則では、１kWh当たり9ドルという異常な高値は認められないが、テキサス州では可能だった。この金額が月額１００万円の電気料金を作り出した。

２０２１年2月米国南部は異常な寒波に襲われた。暖房用の電力需要が高まる一方、テキサス州では全米一の設置量の風力発電設備、天然ガス火力発電所設備の凍結などにより発電能力が大きく損なわれた。通常であれば屋内に設置される設備が、寒波を想定していなかった同州の発電所では屋外に設置されていたことも脱落する電源を増やした原因と言われた。

脱落した電源は最大４６００万kW、発電能力の3分の1にも達し、2月15日から輪番停電が開始された。節電を促すため州委員会は送電管理を行っているＥＲＣＯＴ（テキサス電気信頼性評議会）に指示し卸電力価格を2月16日から19日まで上限の１kWh当たり９ドルに引き上げた。寒波で電源が脱落している中で上限価格まで上げたことには批判もあった。

この結果、卸価格連動型の小売価格を選択していた2万９０００契約の消費者の電気料金は異常なレベルの金額になった。この料金体系を提供していた小売会社は、消費者に他の小売会社への切り替えを促したが、卸料金が高騰する中で新規の契約を受ける小売企業は限られた。

その結果、１２０ドル（1万８０００円）の通常の支払いが６２５０ドル（94万円）、あるいは６６０ドル（10万円）が1万７０００ドル（２５５万円）になった消費者が現れた。電力市場の自由化が招いた結果だが、テキサス州が供給予備力を持たずに、供給能力を全て市場に任せ、卸料金を上昇させる例外的な制度を導入していたことが大きな原因だった。

テキサス州は、この大規模停電の後、発電設備設置に対する貸し付けを行う制度の導入を通し発電設備の増強支援に乗り出したが、供給力確保の制度は依然として設けていない。通常の自由化市場では、供給力の不足の事態を避けるために設備を確保する手段を設けている。容量市場あるいは戦略的予備力と呼ばれる制度だ。

安定的な電源確保のための「容量市場」

英国が導入した「差額保障契約」

1990年に電力市場を自由化した英国では、老朽化した石炭火力発電所の閉鎖が続いた。電力需要はそれほど伸びていなかったが、供給能力に不安が生じるようになった。しかし、将来の電力価格がいくらになるのかは不透明なことに加え、主力電源である火力発電所の燃料である天然ガス、石炭の将来価格が分からない以上、どの電源が将来競争力を持つか分からない。その状況下で設備を新設する事業者は登場しなかった。

さらに、発電設備に特有の問題がある。需要量が一年を通じ変動するため、夏季あるいは冬季の電力需要が増える時のみに利用する設備が必要になる。一年のうち短時間しか利用されない設備の利用率は極めて低くなり利益を生むことは稀だ。テキサス州のように卸価格を引き上げることにより事業者の収益を保証する制度は、電気料金を極端に引き上げることになり、導入は難しい。

日本の火力発電設備の利用率では、燃料価格が相対的に安い石炭火力の利用率が高く、次がＬＮＧ火力と続き、重油の価格が高い石油火力の利用率が極端に低くなる。たとえば、２０２４年度の全国の設備の想定利用率は、石炭火力61％、ＬＮＧ火力39％、石油火力15％だ。燃料価格が高くても、入手が容易な重油を燃料とする石油火力は設備の立ち上げも容易であり、夏季、冬季の一時期だけ利用する設備としては適している。だが、収益が見通せず投資回収の見込みがない老朽化した石油火力を建て替える事業者は、自由化された市場では登場しない。

英国政府は、将来の電源設備と供給力を検討したが、電源の開発が行われないと２０２０年代に停電するとの見通しもあり、電源の新設が必要と考えられた。しかし、事業者はどのような発電設備を新設すれば、利用率が高くなり利益を生むのか分からない。

しかも、温暖化対策に熱心な英国政府は、将来の電源を低炭素電源に切り替える必要も認識していた。ひょっとするとＣＯ$_2$の排出に規制がかかり、石炭火力発電は将来不利になるかもしれない。不確実なことばかりだ。そんな状況下で開始された制度が、低炭素電源を対象とした差額保障契約（ＣｆＤ：Contract for Difference）だ。

ＣｆＤは、事業者に発電された電気の売値を保証する制度だ。事業者は卸市場に発電された電気を売却するが、保証された価格よりも市場での売却額が安い場合には、保証価格との差額が補填される。保障価格よりも売却価格が高い場合には、事業者が差額を返却する。事業者はＣｆＤに基づき合意された期間一定の額を受け取ることができる。

２０１４年に、風力、太陽光などの再エネ設備を対象とした1回目のＣｆＤの入札が行われ事業者が選定された。原子力発電所については、フランス電力公社（ＥＤＦ）が手掛けるヒンクリーポイントＣ発電所を対象に２０１６年にＣｆＤが締結された。

英国が始めた容量市場

非炭素電源の多くを占める風力と太陽光発電設備からの発電量は、天候により変動する。安定的に発電可能な火力設備も必要だがＣｆＤの対象にはならない。安定的な電源を確保する制度として考え出されたのが容量市場（Capacity Market）だ。市場と呼ばれるのは、入札により対象となる電源が選択されるためだ。発電量を取引する卸電力市場は発電量（kWh）を表すkWh市場だが、設備容量（kW）を取引するkW市場だ。

英国の市場では4年先の設備を対象に入札が行われる。落札金額はkW当たりの金額で表示され、落札した設備には設備容量に応じ金額が支払われるが、必ず発電設備を維持する必要がある。電力需要に応じ必要な発電設備を確保することにより、供給力不足による停電を回避する制度だ。容量市場で発電事業者に支払わる資金は電気料金から回収されるので、電気料金は上昇する。

英国が2014年にCfDと容量市場を導入した際には、欧州委員会の委員から「総括原価主義を飛び越えた社会主義だ」との批判も飛び出し、委員は後に冗談として発言したと釈明することになった。総括原価主義は原価に適正利潤を保証する制度だったが、容量市場では金額がいくらになろうとも支払われることを批判したものだろうが、制度がなければ発電設備は不足し停電する可能性がある。

この制度でも、長期間にわたる支払いが保証されるわけでもなく、長期間の収益の保証が必要な設備の新設は躊躇される。英国でも、容量市場を持つ米国東部のPJM市場でも市場での落札価格の毎年の変動は大きく、設備新設に必要な長期の収入の保証が難しい。さらに老朽化し効率の悪い本来廃棄されるべき設備が、容量市場を通し支えられるとの批判もあり、英国では容量市場が見直されている。電力需要が増えた際に、電力消費量を削減することにより寄与するディマンドレスポンス（DR）を対象として加える修正、CO_2排出量に制限を設け新設設備の脱炭素を促す見直しなどが行われた。

連携する送電線がフランス、ノルウェーなどに限定される英国と異なり周辺10カ国と連携しているドイツは、戦略的予備力との名称で老朽化し運転を停止した褐炭火力発電所を維持し緊急時に発電する体制を整えている。褐炭火力発電所を維持する理由は、燃料の褐炭がドイツ国内で生産されており、燃料調達の問題が少ないからだろう。

エネルギー危機により天然ガス価格が高騰した際には、戦略的予備力として保持されていた褐炭火力発電所2基の運転を開始し、天然ガス火力発電所の利用を減らし天然ガス消費量の抑制を2024年3月まで行った。本来の予備力の利用とは異なるが、設備の有効活用だった。

日本でも導入された容量市場

日本の電力市場の自由化については後に触れるが、2016年に全面自由化が行われた日本でも、利用率の低い設備の休廃止が続く事態になった。自由化に先立ち2015年に安定供給の確保を目的に設立された広域的運営推進機関が、設備を確保する目的で2020年度に4年先の電源を対象に初の容量市場の入札を行った。

落札した設備容量は、全国で1億6770万kW。落札金額は1兆5990億円だった。2024年度から小売事業者が容量拠出金を負担し、最終的に消費者が負担することになる。電気事業法には「小売電気事業者は、正当な理由がある場合を除き、その小売供給の相手方の電気の需要に応ずるために必要な供給能力を確保しなければならない」とあり、全ての小売事業者が、容量市場の制度を通じて公平に供給力の確保を負担する仕組みだ。

設備維持を支援するための資金であり、中長期的には発電設備が維持され、設備が増加することにより、卸電力市場の価格の上昇が避けられるはずであり、電気料金への影響は平準化すると考えられている。落札費用は小売会社経由電気料金で回収されることになり、短期的には電気料金が上昇する可能性がある。

2024年4月から一部の小売事業者は、容量市場の拠出金を負担するため小売電気料金の値上げを行った。値上げ額は最大1kWh当たり数円だ。小売事業者の電気の仕入れ方法の違いにより、一部の小売事業者だけの値上げになった。小売事業者が発電事業者から電気を仕入れる方法には、大きく分けると二つある。一つは、相対取引と呼ばれる契約を結び発電事業者から購入する。もう一つは卸電力市場で都度仕入れを行う。相対取引は将来の購入数量と金額が固定されるが、卸市場での購入は自由度が高い。

小売事業者がどちらの方法を取るかは、各社の販売戦略によることになる。大手電力の小売部門を含めかなりの小売事業者は、相対取引を行っている。その契約価格には発電に係る固定費（設備の費用）も含まれていることが多い。既に相対取引で設備の費用を支払っているのに容量市場の拠出金を支払えば、二重の支払いになる。発電事業者の相対契約に含まれる設備の費用と容量市場の拠出金での二重取りを防ぐため、相対取引の価格を設備の費用分だけ引き下げる調整が行われた。

相対取引の価格に固定費が含まれていない、あるいは卸電力市場での仕入れが中心の小売事業者は容量拠出金の負担分だけ小売料金の値上げの必要があった。

停電危機に見舞われる日本

降雪で太陽光発電の大半が機能せず

日本も停電危機と無縁ではないことは、多くの方は気づいているだろう。特に関東地域にお住いの方は、ここ数年冬季、夏季に繰り返される節電要請から電力供給に問題が生じていることを感じているのではないだろうか。

2021年1月初旬、日本の各地で供給予備率が危険ラインとされる3％を割り込むと想定される事態になった。供給予備率は、需要量に対して供給力の余裕がどの程度あるか示す比率で、3％を割り込めば発電所でのトラブルなどにより電力供給が不足し停電する可能性が高まる。

たとえば、1月7日午後6時に、九州電力管内では需要量1606万kWに対し予備力は40万

kWに低下した。予備率は2・5%だ。冬季の電力需要は日没後の夕方に最大になるが、太陽光設備からの発電量は日没後にほとんどなくなるので、日没後に予備率が低下し停電危機の可能性が高まる（図表5−1）。

1月上旬に供給予備力が低下した理由は、前年12月中旬からの寒波により増加した電力需要を満たすため、天然ガス火力の利用が増え、LNGの消費が計画より大きく進んだところに、供給網のトラブルもありLNGの入荷が遅れたことだった。設備はあっても燃料がなければ使えない。

中国が大気汚染対策として主に北部で使用される暖房用石炭をLNGに切り替えたことによるアジア地区でのLNGの需要増も供給が厳しくなった背景としてあった。

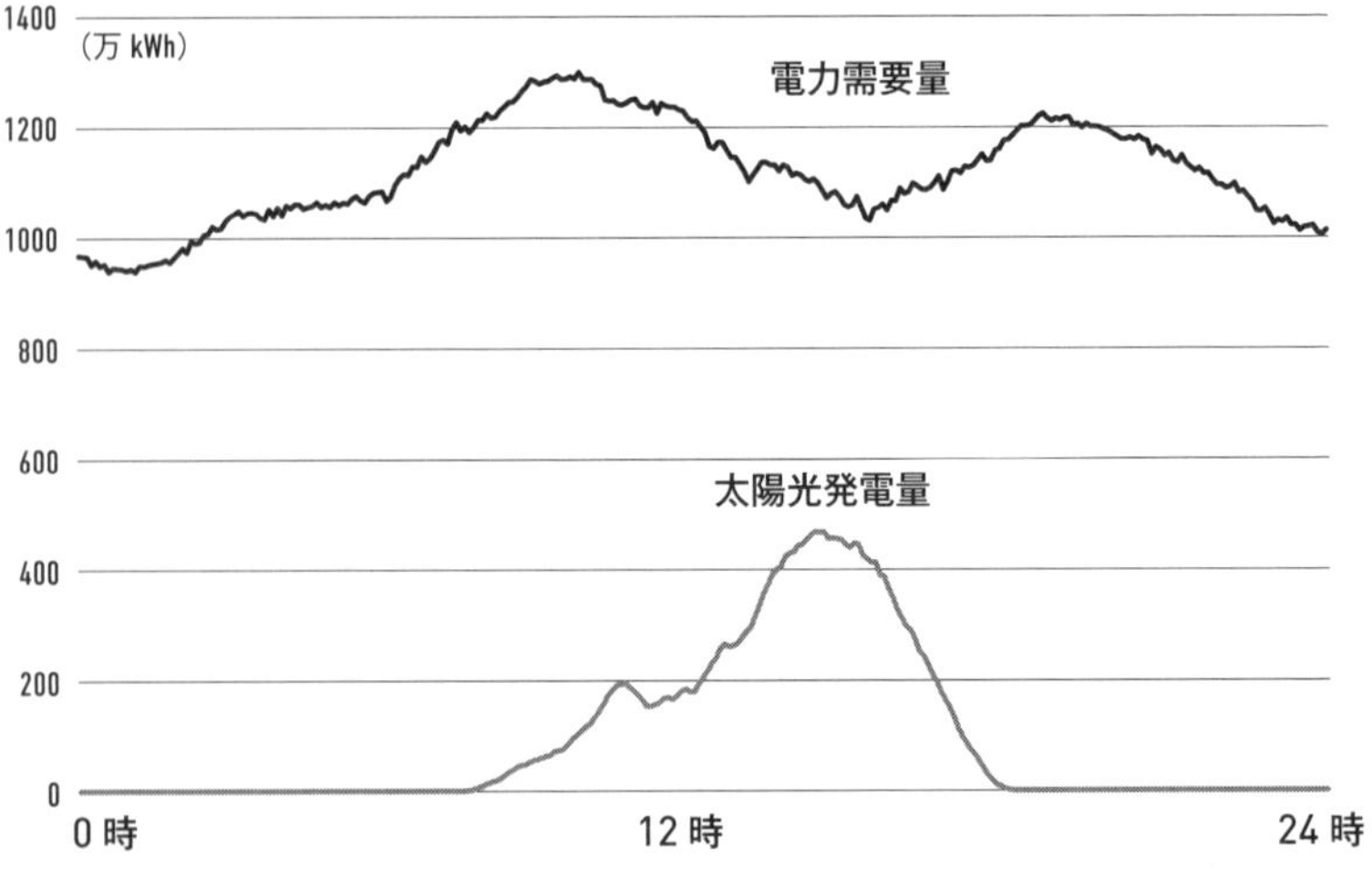

注：九州電力 2023年2月3日
出典：九州電力 HP

図表5-1　冬季の1日の電力需要と太陽光発電量

日本でもLNGの消費増があり発電所のLNG在庫は大きく落ち込んだ。LNGは急に調達できるものでもないし、輸送には2、3週間かかる。さらに、いくつかの石炭火力発電所がトラブルにより停止したことも電力需給をひっ迫させた。

LNG火力からの発電量が減少したので卸電力市場への供給量も減少し、卸電力価格は大きく上昇した。卸電力市場では、電力の小売を行う企業の需要量と発電事業者からの供給量を、前日に30分単位で入札し価格を決定する。それまで、1日の平均価格は1kWh当たり10円を下回るレベルで推移していた。最高価格は26・2円だったが、1月13日の平均価格は154・6円に達した。

この卸電力価格の高騰は、一部の消費者にも大きな影響を与えた。先に触れたテキサス州で導入されていた小売料金が卸価格に連動する契約が日本でも導入されていたからだ。家電製品を使用する時間帯を選択できる消費者ならば、卸電力価格が安い時に利用すれば電気料金を節約できるし、節電意欲も高まる料金体系だが、卸価格が高騰すれば小売料金も跳ね上がる。1カ月の電気料金が10万円になる消費者も登場した。

2022年1月に、東京電力管内で節電が呼びかけられた。降雪により暖房用の電力需要が増加した一方、積雪により東京電力管内の太陽光発電設備の大半が発電できなかったためだ。静岡県の東部を除く東京電力管内には約1200万kWの太陽光発電設備があった。1月6日の最大需要は5374万kWだったが、北海道、東北電力などから276万kWの電力融通を行い供給力5550万kWが確保された。翌7日も電力融通により乗り切ったが、雪に弱い太陽光発電設備が増加すれば降雪時の停電の可能性が高まることを教えることになった。

2022年3月21日に資源エネルギー庁から電力需給ひっ迫警報が発令された。2012年に制定されてから初めての発令となった。翌日の広域の供給予備率が3%を下回る見込みになった時に発令されるが、3月16日に発生した福島県沖地震の影響により6基の火力発電所が停止している中で22日の気温低下が予測されたための発令だった。節電努力により停電は回避された。

2022年6月に、広域供給予備率が5%を下回ると予想される場合に発令される電力需給ひっ迫注意報と、エリア供給予備率が5%を下回る際に前々日に送配電事業者から発令される電力需給ひっ迫準備情報が新設された。6月26日に資源エネルギー庁が東京電力管内での注意報を発令した、6月27日に、東京電力、北海道電力、東北電力の送配電会社が、ひっ迫準備情報を発令した。

電源の多様化で停電をどこまで回避できるか

降雪、寒波、熱波などの悪天候により停電が引き起こされるのは、世界のどこでも起きることだが、停電を回避したケースもある。２０１４年２月米国東部は寒波に襲われた。北極から極渦と呼ばれる低気圧性の渦が南下してきたためだ。北東部では、発電所にストックされている石炭が凍り付きボイラーに投入できないほど気温が下がった。天然ガス需要が暖房用に急増したので発電用の天然ガスも確保できない事態になってしまったが、停電は回避できた。原子力発電所がどこも停止せず運転ができたからだった。

２０１８年１月にまた米北東部に暴風雨の来襲があった。太陽光発電は止まり、強風のため風力発電設備も損傷を防ぐため停止した。やはり、停電を回避した。石炭火力と石油火力の利用率を上げ発電することができたからだ。米エネルギー省はこの教訓を安定的供給に必要なことは多様な電源とまとめている。

日本でも多様な電源を持っていたため、大規模停電を回避できたことがある。２０２４年１月１日能登半島地震が発生した。能登半島にあった北陸電力の主力電源・七尾大田石炭火力発電所では楊炭設備、給炭設備が大きな被害を受けた。大規模停電の発生は避けられた。福井県の関西電力の原発から電力融通が可能だったからだ。マスメディアは同じ能登半島にある志賀原発について報道するばかりだったが、多様な電源の重要性も報道されるべきだろう。

米国カリフォルニア州、テキサス州、英国の例などから分かることは、電力市場の自由化は設備の減少を招く可能性があり、停電の可能性を高めることだった。その対策として容量市場、戦略的予備力という追加の制度と費用も必要になる。天候次第の発電になる再エネ導入も電力供給を不安定化させ、時として停電を招くこともある。

日本は、2012年7月から固定価格買取制度（FIT）導入による再エネ導入を進め、2016年4月からは電力市場の完全自由化に踏み切った。どちらの制度も電力供給を不安定化させるので、同時に進めると停電危機をさらに深めることになる。停電危機は回避可能なのだろうか。電気料金を押し上げることはないのだろうか。

30年間で電力自由化が進んだ日本

日本も電力自由化を1995年から開始した。一つの会社が発電、送配電、小売部門を持つ垂直統合と呼ばれる形態を維持した形で、新たに独立系発電事業者（ＩＰＰ）の参入が１９９５年に認められた。それまでは、北海道から沖縄までの一般電気事業者と呼ばれる10地域の電力会社が発電、送電、小売までを一貫して行う一方、卸電力と呼ばれる電源開発株式会社と日本原子力発電株式会社が電力会社に電気を卸していた。参入が認められたＩＰＰは卸電気を電力会社に販売し、電力会社が小売する形だった。

また、特定地区の需要家に対する小売供給が発電設備を保有する特定電気事業者に認められた。現在特定電気事業者として、新居浜地区の住友グループ企業の事業所向けに供給を行う住友共同電力、六本木ヒルズに供給を行う六本木エネルギーサービスなど5事業者が認められている。

２０００年に小売の自由化が始まり、２万ボルト以上の特別高圧で受電する工場など向けに特定規模電気事業者（ＰＰＳ）が販売を行うことが可能になった。２００４年には６０００ボルト以上の高圧で受電する消費者、２００５年には全ての高圧で受電する消費者向け販売が自由化され、卸電力の取引を行う卸電力取引所が開設された。

「計画停電は地域独占のせい」？

２０１１年3月の東日本大震災により東京電力管内では計画停電が引き起こされた。マスメディアでは、「この停電を引き起こしたのは電力事業が10地域の電力会社により独占されているためだ」との解説も行われ、福島第一原発での事故もあり、電力会社のイメージは急速に悪化した。東京電力の記者会見で疲れていたのか頬杖をついて対応する幹部の映像がニュースで流されたことや、あるいはマスメディアが東電を非難したこともイメージの悪化に拍車をかけた。

もちろん、計画停電が引き起こされたのは東京電力の責任ではない。日本の大規模発電所は、海外から燃料を輸入する必要があるので海岸沿いに建設するしかなく、誰が発電所を所有しているかには関係なく津波で被災した。金融機関の経営者が著書で東電は犯罪者と書いたが、いじめを誘発しかねない暴論で、経営者がこのような発言をするのには呆れるしかないが、当時の日本では、冷静な議論は少なく電力会社が悪いとの風潮が広がった。

それならば、家庭向けまで含めて小売りを全面自由化し消費者の選択肢を増やせばよいということだろうか、2016年から小売は全面自由化された。2020年には、送配電部門を大手電力会社と別会社とする法的分離も実施され、東京電力パワーグリッド（株）、関西電力送配電（株）などが設立された。自由化の目的は次の3つとされた。経済産業省の資料をまとめると以下のようになる。

○安定供給を確保する
震災以降多様な電源の活用が不可避な中で、送配電部門の中立化を図りつつ、需要側の工夫を取り込むことで、需給調整能力を高めるとともに、広域的な電力融通を促進。

○電気料金を最大限抑制する
競争の促進や、全国大で安い電源から順に使う（メリットオーダー）の徹底、需要家の工夫による需要抑制等を通じた発電投資の適正化により、電気料金を最大限抑制。

○需要家の選択肢や事業者の事業機会を拡大する
需要家の電力選択のニーズに多様な選択肢で応える。また、他業種・他地域からの参入、新技術を用いた発電や需要抑制策等の活用を通じてイノベーションを誘発。

規制体系は、発電–届け出、送配電–許可、小売–登録に変わり、電気の安定供給を確保するために次の措置が講じられた。

○一般送配電事業者に対する措置

電力の安定供給を確保するため、需給バランス維持義務（周波数維持義務）、送配電網の建設・保守義務（託送供給義務）、最終保障サービス義務、離島ユニバーサルサービス義務が課せられ、従来制度と同様の地域独占、料金規制（総括原価方式等：認可制）が講じられた。

○小売電気事業者の供給力確保義務

自らの顧客需要に応ずるために必要な供給力の確保義務。

○先に述べた通り、全面自由化に先立ち2015年に安定供給の確保を目的に、多くの事項に経済産業大臣の認可を必要とする認可法人として広域的運営推進機関が設立された。

一方、需要家保護を図るために次の措置も講じられた。

○経過措置として、旧一般電気事業者（大手電力）は当分の間、料金規制（特定小売供給約款：認可制）を継続。
○小売電気事業者は需要家保護のために規制（契約条件の説明義務等）を受ける。

電力自由化で脅かされる安定供給

電力市場の小売自由化により多くの企業が参入したが、大半の小売事業者は発電設備を保有せず、主として卸電力市場から電力を購入し小売するビジネスモデルを利用した。日本の電力需要は、省エネと経済の低迷を反映し、波を描きながら減少している。その市場環境で自由化により将来の電気料金が不透明になったため、発電設備の新設がないどころか、既存設備の中でも利用率が低い老朽化した石油火力の休廃止が相次ぐことになった（図表5-2）。

その結果、停電危機に直面することになり、容量市場の導入により設備容量確保策を進めているが、長期間の収入が保証されない容量市場では事業者は設備新設に必要な長期の収入を見通せない。新たに、再エネ、原子力設備などの低炭素電源と脱炭素を予定する電源を対象に原則20年間にわたり収入を保証する長期脱炭素電源オークションが2024年1月に行われた。

将来の収入を保証するだけで、事業者が投資に踏み切ることはない。たとえば、建設期間中に資機材が上昇する、あるいは工期が予定より長くなれば、投資額あるいは建中金利の負担増となり、保証された収入では赤字になる可能性がある。設備新設の制度としては容量市場も不十分だ。新しい制度がなければ、電力需要増が予想される中で発電設備はやがて不足する。

さらに、燃料不足による停電危機を回避するためLNG船を余分に手配することに

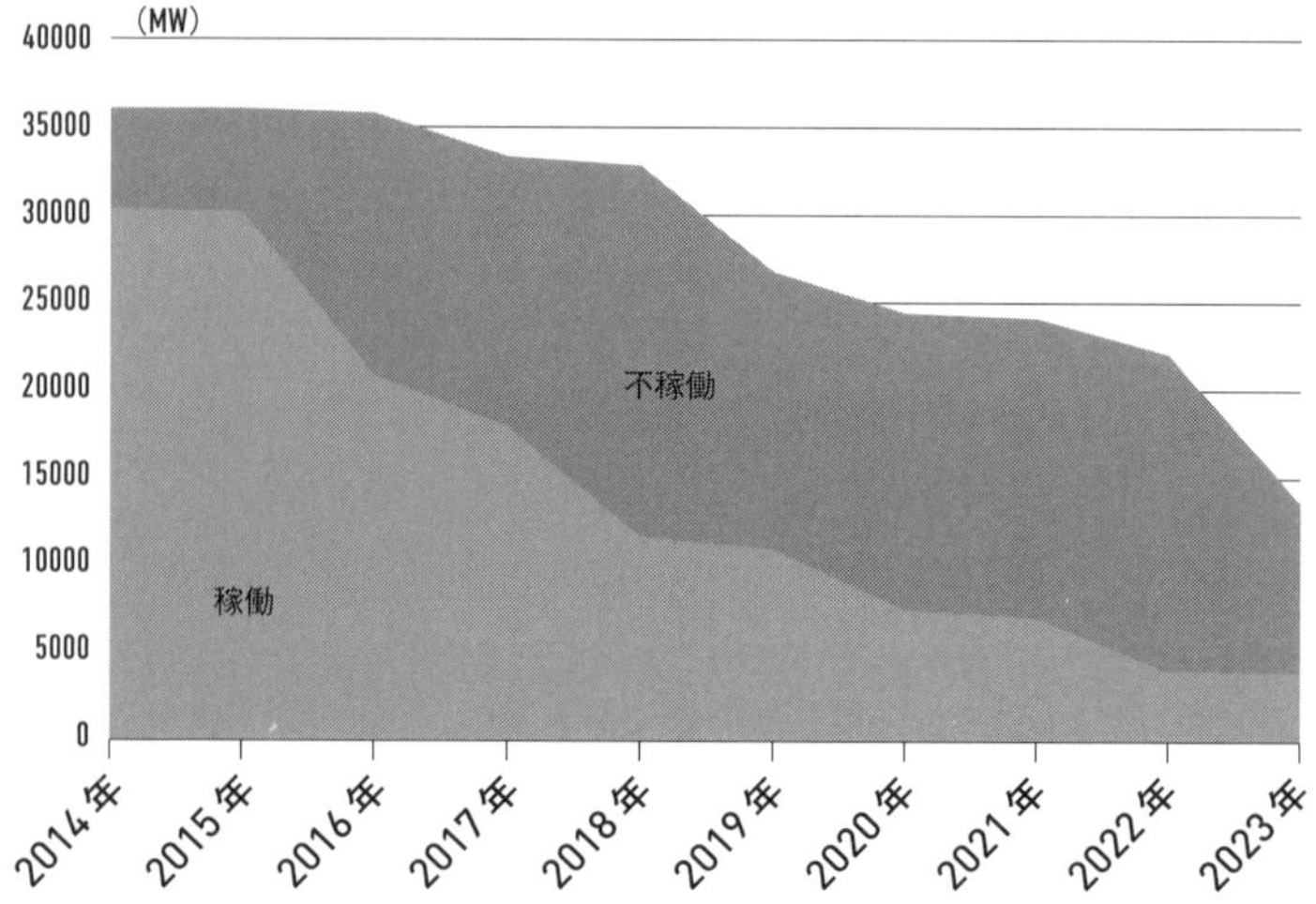

図表5-2　減少する石油火力発電設備

出典：発電情報公開システム
注：各年10月10日の稼働状況

より備蓄を増やす手法も導入された。総括原価主義の下であれば利用率の低い設備も必要に応じ新設可能だった。自由市場に移行した結果、安定供給が脅かされるようになったと言ってよいだろう。

自由化以降安定供給が脅かされたり市場価格が高騰したりする度にパッチワークのように制度が作られ、組織、委員会が設立されている。総括原価主義を離れたことで電気料金は下がったのだろうか。小売をいくら自由化して競争環境を作っても、料金を下げる原資は出てこない。発電設備では固定価格買取制度に支えられた再エネ電源が増えたが、再エネ電源の増加は火力発電設備の利用率を下げ、火力発電設備の休廃止を増やし安定供給をさらに脅かすことになった。

2050年脱炭素を目指せば、さらに安定供給は脅かされ、電気料金は上昇する可能性が高い。安定供給とコスト抑制のためには電源の多様化の中で、送電線増強の必要も少ない原発の建て替え建設を支援する新制度を導入し進める必要がある。再エネ設備を中心とした脱炭素を自由化市場の中で進めれば安定供給は遠のく。原発の建て替えまでの期間は、排出削減対策を進めながら石炭、LNG火力を利用することは安定供給実現には避けられない。

＜第５章＞まとめ

停電危機はなぜ起きる

⬇１９９８年に発電部門を自由化した**米カリフォルニア州**は、**大規模停電**を経験することになった。新たに参入してきた発電事業者が卸電力市場での価格高騰を狙い、意図的に発電設備を止めたためだった。カリフォルニア州は自由化を中断することになった。

⬇しかし、カリフォルニア州は２０２０年に再度停電を経験する。温暖化問題への取り組みとして、州政府は電力会社に天然ガス火力の休廃止を指示する一方、太陽光発電を中心に**再エネ設備導入**を進めた。その結果、再エネ設備が稼働しない**日没後の電力需要急騰時**に、供給を行う設備が不足し停電した。

⬇**テキサス州**は２００２年に電力市場を自由化したが、設備を増やすための制度を特に導入せず、市場に任せることにした。州政府は、卸電力市場が大きく高騰すれば、短期間で発電設備への投資額の回収が可能になるので設備を新設する事業者が登場すると考えたのだ。テキサス州は連邦の制度で管理されないため卸市場価格の高騰を引き起こす制度の導入が可能だった。

⬇２０２１年テキサス州は**寒波**に襲われ、風力発電設備、天然ガス火力の凍結により発電能力を失った。供給不足により卸電力市場の高騰が続き、卸電力市場価格と連動する小売料金で供給を受けていた消費者は、ひと月の電気料金として**１００万円**を超す支払いを要求された。市場に任せた結果だった。

➡設備が不足し引き起こされる停電を回避するため考え出された制度が**容量市場**だ。設備を維持する事業者に設備容量に応じ支払いが行われる。消費者が電気料金を通し費用を負担する。英国が２０１４年から実施しており、日本も２０２０年度に導入し、２０２４年度から電気料金を通し負担が求められる。

➡電力市場を自由化して以降、日本も関東地域を中心に何度か**停電危機**に見舞われた。その理由の一つは、**市場自由化**により**発電設備が減少**していることだ。特に、夏季あるいは冬季の電力需要が高まった時にのみ使用されるため、利用率が低く採算が取れない**石油火力の休廃止**が進んでいる。一方、業務用太陽光発電設備は、２０１２年に開始された**固定価格買取制度**により爆発的に導入量が増えた。

➡冬季に降雪があると太陽光発電設備はほとんど使えないが、気温の低下で電力需要は伸びる。石油火力の休廃止が進んでいるので発電設備が不足する事態になった。**再エネ設備導入政策**と**電力市場自由化**を同時に進めた結果だ。

➡自由化の目的は、安定供給の確保、電気料金の最大限の抑制、需要家の選択肢と事業者の事業機会の拡大とされた。日本の電力需要は省エネと経済の低迷を反映し伸びていないが、そんな中でも発電設備が不足し**停電危機**が叫ばれるようになった。２０１６年の完全自由化以降制度のパッチワークが続いている。

第6章

脱炭素時代のエネルギーと電気

なぜ脱炭素が必要なのか

世界的に注目を集める温暖化問題

地球温暖化がニュースの題材になることが多くある。特に、公共放送はさまざまな角度から温暖化を報道する傾向にあるようだ。洪水、山火事、大型ハリケーン、氷河の後退などを気候変動に結び付けるニュースに加え、気候変動に関する国連の会議の報道も多い。公共放送の気象キャスターがニューヨークの国連本部まで出張し報道するほどのニュースなのだ。

１９７０年代まで、地球は小氷河期に向かっているので冷却化していると言われていた。日本をはじめ多くの国で大気汚染も悪化しており、太陽の光を遮るため冷却が進むとの説もあった。しかし、１９８０年代になると地球は温暖化しているとの主張が多く聞かれるようになった。

温室のガラスと同じ役割を果たす温室効果ガス（ＧＨＧ）と呼ばれる二酸化炭素（CO_2）、メタン（都市ガスの主成分）、フロン類（エアコンなどの冷媒）などは、太陽光が地表で反射した赤外線を吸収する性質があることは実験室では確認されていたが、地球規模でも起きているとの考えが広まった。

　ＧＨＧの主成分はCO_2だが、産業革命前まで人類が使うエネルギーが木材、風力、家畜などだった時代のCO_2濃度は２７０から２８０ppmで安定していた。しかし、産業革命から人類は石炭の利用を始め、やがて石油、天然ガス、原子力も使い始めたため人類の使用するエネルギー量は飛躍的に増加した。その中心は燃焼に伴いCO_2を排出する化石燃料だった。

　米国の海洋大気庁はマウナロア（ハワイ島）、日本の気象庁は綾里（大船渡）、南鳥島、与那国島でCO_2濃度を計測している。計測地点は、人為的活動があまりない、要は自動車、工場などの影響が少ない場所が選定されている。綾里の観測値は、１９８７年１月３５３・３ppmで始まっているが、２０１２年２月に４００ppmを超え、２０２３年12月には４２８・２ppmになった。１９５８年から観測を始めたマウナロア観測所の計測値は開始後１００ppm以上上昇した。

　地球はＧＨＧに取り巻かれている。もしＧＨＧがなければ、地球の気温は33℃下がり、全地球の平均気温は今の14℃からマイナス19℃になる。ＧＨＧは必要だが、増えすぎると温暖化が始まる。温暖化はさまざまな影響を与える。たとえば、気温上昇により海面が膨張する結果、海面が上昇し低地を水没させる。低地が多いバングラデシュなどでは環境難民が発生する。気象庁によると、世界の年平均気温は波を描きながら100年当たり0・76℃の割合で上昇している。産業革命以前との比較では1・2℃上昇した。

1988年に国連機関として温暖化問題の研究を行う気候変動に関する政府間パネル（IPCC）が設立され、1992年にはGHGの濃度を安定させるための国連気候変動枠組条約（UNFCCC）が合意された。COPと呼ばれるUNFCCCの締約国会議は1995年から毎年開催され、1997年に京都で開催されたCOP3においては先進国と市場経済移行国と呼ばれたロシアと東欧諸国の2008年から201

パリで開催されたCOP21会場内（撮影：筆者）

2年の排出量に義務を課した京都議定書が合意された。

京都議定書で排出義務を負った全ての国の排出量は地球全体の3割に届かなかった一方、この間中国、インドなどの経済成長が続き、世界の排出量が大きく増加したことから、京都議定書の実効性に疑問符が付いた。より実効性があり、すべての国が参加する制度が必要とされ、2015年パリで開催されたCOP21（写真）で、将来の気温上昇を産業革命以前との比較で2℃に、可能であれば1・5℃に抑制するため、UNFCCCの参加国が自主的な目標を立て、達成するパリ協定が合意された。

エネルギー供給の8割を化石燃料に依存する主要国

日本のGHGの9割以上はCO_2だが、CO_2は、主として石炭、石油、天然ガスの化石燃料の燃焼により排出される。日本を含め大半の主要国は、エネルギー供給の8割前後を化石燃料に依存している（図表6-1）。世界の化石燃料の使用量と排出されるCO_2の量は年々増加しているが、日本のCO_2排出量は、減少しており、いま中国、米国、インド、ロシアに次ぎ世界5位、約３%のシェアになっている。

日本は２０２１年４月に２０３０年度に２０１３年度比ＧＨＧを46%削減する目標を発表した。日本を含む主要先進国は、化石燃料中の燃焼成分である炭素を削減するため「脱炭素」を掲げ、２０５０年のカーボンニュートラル（ＣＮ）を目指している。中国は２０６０年、インドは２０７０年を目標としている。ＣＮについては欧州委員会の具体的数字での説明が分かり易い。

「２０２１年の世界のCO_2排出量３７８億トンに対し、吸収量は95億トンから１１０億トンと推定される。ＣＮは排出量を吸収量と同じ数量にすることだ。植物は光合成により成長時に空気中にあるCO_2を吸収し炭素を蓄え、酸素を空気中に排出す

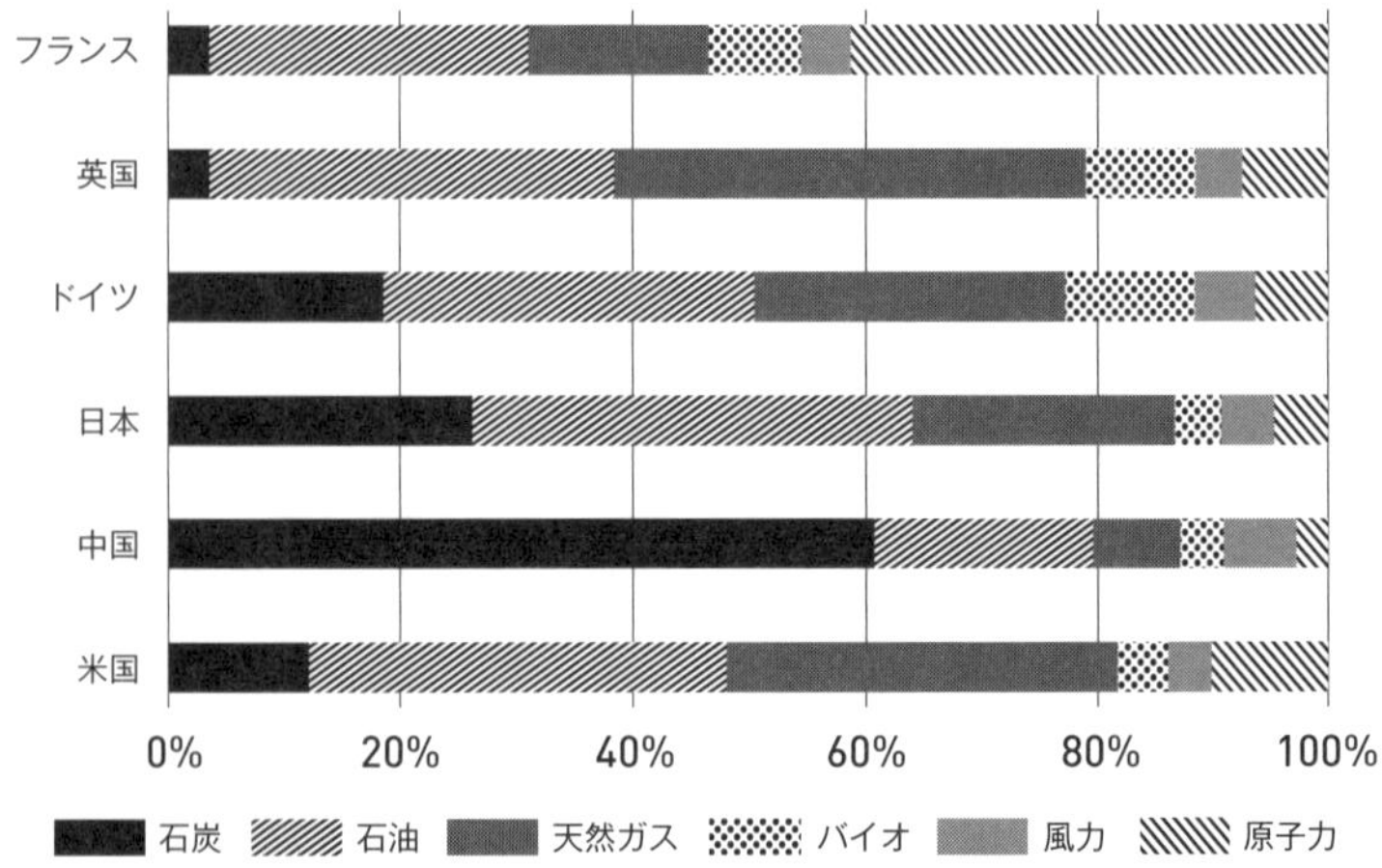

注：2021 年実績、バイオはバイオ燃料、廃棄物、風力には太陽光、水力などを含む
出典：国際エネルギー機関

図表6-1　主要国の一次エネルギー供給

る。海洋も大きな量の炭素を吸収している。２０１０年代の平均CO_2排出量は年間約３００億トンだが、そのうち約４分の１は海洋により吸収されていたと推測されている。

日本をはじめ主要国が目指す２０５０年「ネットゼロ」は、CO_2あるいはＧＨＧの排出量を吸収量に合わせゼロにすることだが、世界のエネルギー供給の８割を占める化石燃料をあと26年でほぼゼロにすることは、困難と思える。温暖化についてはいまだ分からないことも多く、ＧＨＧの濃度上昇がこれから気温をどれだけ引き上げるのか、さらに温暖化が環境、経済にどのような影響を与えるのか、正確な予測は困難だ。

現実的な「脱炭素」を目指すべき

脱炭素を目指す世界だが、世界のエネルギーの約８割を供給する化石燃料の消費はコロナ禍による落ち込みを除けば、増え続けている（図表６−２）。先進国は、あと26年で化石燃料の消費をほぼゼロにする目標を持つが、可能な道筋とは思えない。安価な化石燃料に代わり再エネ、水素を利用する世界になれば、エネルギーコストは大きく上昇し、家庭と産業に大きな影響を与える。

　２０５０年のＣＮを必達目標と考えるよりも、もう少し楽観的に考え、今の経済と生活に大きな影響を与えない範囲内で脱炭素を進めるのが、現実的な取り組みと思える。日本の分野別のCO_2排出量は図表６－３の上の棒グラフが示している。ただし、電気は最終的に家庭、産業により消費されており、電気の消費量に合わせCO_2を割り振ると図表６－３の下部の棒グラフのようになる。

　日本のCO_2排出量の約４割は電力部門なので、CO_2の排出のない再エネと原子力を利用し発電すればCO_2は減少する。輸送部門のCO_2削減には、燃焼しても水しか排出しない水素を使う燃料電池車、あ

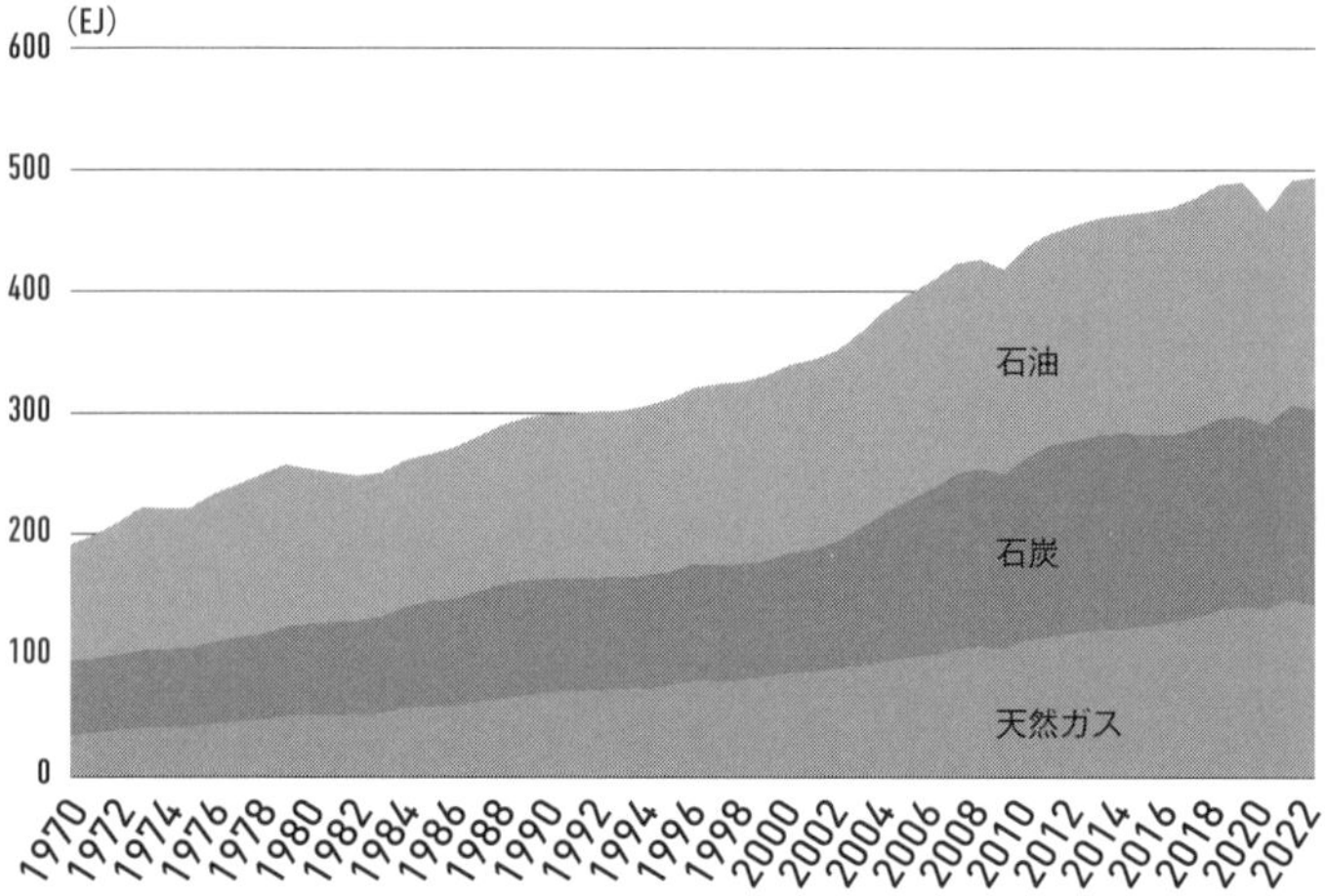

図表6-2　世界の化石燃料消費推移

出典：Energy Institute 資料から作成

るいは電源が原子力と再エネ主体になる前提で電気自動車（ＥＶ）の利用が有効だ。電源構成の変更、あるいは新しい設備の導入は産業と雇用に影響を与える。

２０３０年の46％削減、２０５０年脱炭素実現のための日本の取り組みを考えてみよう。

「温室効果ガス46％削減」野心的な計画を立てた日本

日本政府は、２００２年にエネルギーの安定供給、経済性を確保し、環境への適合

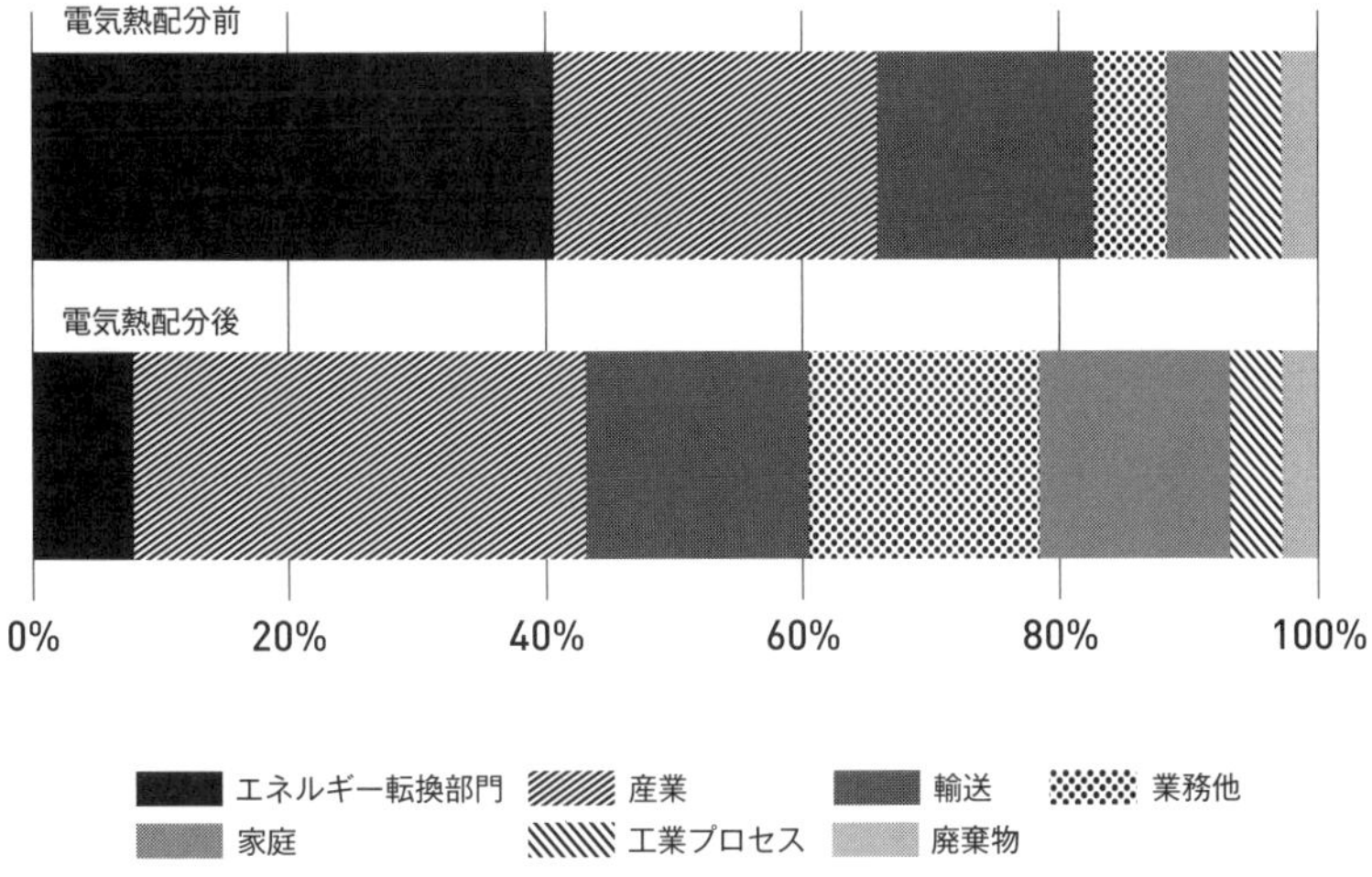

図表6-3　日本の部門別CO_2排出量

注：2021年度実績
出典：温室効果ガスインベントリオフィス

を基本理念とするエネルギー政策基本法を定めた。その中では、エネルギーの需給などに関する計画であるエネルギー基本計画を策定し、３年ごとに見直すことも謳われている。

２０２１年に決定された第６次エネルギー基本計画は２０２４年度に見直され、第７次エネルギー基本計画が策定される予定だが、第６次計画は２０１３年度比２０３０年度温室効果ガス46％削減を実現するため、野心的計画を立てている。

２０１３年度の日本のＧＨＧの排出量は、CO_2換算14億４５００万トンであり史上最高だった。内訳はCO_2の排出量が13億１７００万トン、メタン２９１０万トン（CO_2換算）などだが、他の主要国と異なる日本の排出量の特徴は、先に述べた通りCO_2の占める比率が９割を超えていることだ。世界の排出量ではCO_2の排出量は全体の４分の３程度だ。日本はＧＨＧ削減のため化石燃料の消費量削減に一層努力する必要がある。

ＧＨＧの排出量は、２０１４年度から毎年減少し、２０２０年度に２０１３年度比18・５％減の12億５０００万トンになったが、コロナ禍によるエネルギー消費減少を反映した側面もあり、２０２１年度には排出量は少し増え２０１３年度比16・９％減となっている。CO_2排出量が10億６４００万トン、ＧＨＧが12億２９００万トンだ。この傾向で伸ばしていくと２０３０年度46％削減には届かないので、更なる試みが必要になる。そのため、第６次計画ではＧＨＧ削減策としてエネルギー供給に関し高い目標が設定された。

日本でＧＨＧ排出量が減少している理由の一つに経済が低迷していることがある。エネルギー基本計画では経済成長も想定されており成長が実現すれば、これから削減のスピードの低下が予想される。そんな中で、高いＧＨＧ削減目標を掲げ化石燃料消費削減を加速する政策だ。価格競争力のある化石燃料消費を抑制すれば生活と産業への影響が予想されるが、経済性よりも、安定供給よりも気候変動対策、46％削減を実現することが優先されている計画にも見える。

安定供給、CO_2削減……効果が疑問だらけの再エネ導入

まず、一次エネルギー供給では化石燃料の比率が現状の8割以上から、3分の2に減少している（図表6-4）。電力供給では、再エネと原子力の非炭素電源比率が50％を超える。現在のエネルギー・電力供給と比較すると大きく脱炭素が進む計画だ（図表6-5）だが、費用もかかる。費用対効果はどうだろうか。

２０１２年の固定価格買取（ＦＩＴ）制度導入以降、買取価格が有利に設定された業務用太陽光発電設備を中心に再エネ導入量は大きく増加した。電力広域的運営推進機関によると２０

24年度の再エネの設備容量は合計1億4116万kW。再エネは全設備容量3億26万kWのうち、43％を占めている。水力を除くと9186万kW。全設備容量に占める比率は28％だ。一方、火力、原子力を含めた想定総発電量は8843億kWh。そのうち水力を除く再エネの発電量は1508億kWh、17％しかない。設備容量比率28％との比較では、再エネ設備の利用率が低いため小さくなる。

再エネ電源に対しFIT開始後電気料金から支払った累計の金額は、資源エネルギー庁の資料によると2023年9月末で26兆9728億円に達している。太陽光発電だけで、17兆7882億円ある。その一方、回避可能費用と呼ばれる再エネの発電

図表6-4　2030年の一次エネルギー供給

出典：経済産業省

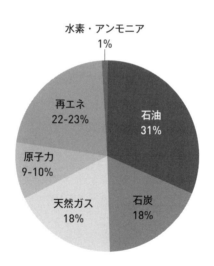

により節約できた燃料代（今は卸電力市場価格で回避可能費用としている）があるので、それを差し引くと需要家が電気料金で負担した額は十数兆円になる。国民1人当たりにすると10万円を超えている。産業部門が家庭の2倍の金額を負担しており、電気料金を通し企業の利益額に影響を与えている。負担の効果はあったのだろうか。

一つの効果は自給率の向上だ。再エネ導入による自給率向上は4％程度あった（図表6-6）。ただし、安定供給という面では再エネ電源導入はピーク電源対応の石油火力の利用率をさらに引き下げ、電力危機の原因を作ったので、再エネ導入の効果は安定供給にはマイナスだ。

CO_2削減にも効果はあったが、FIT

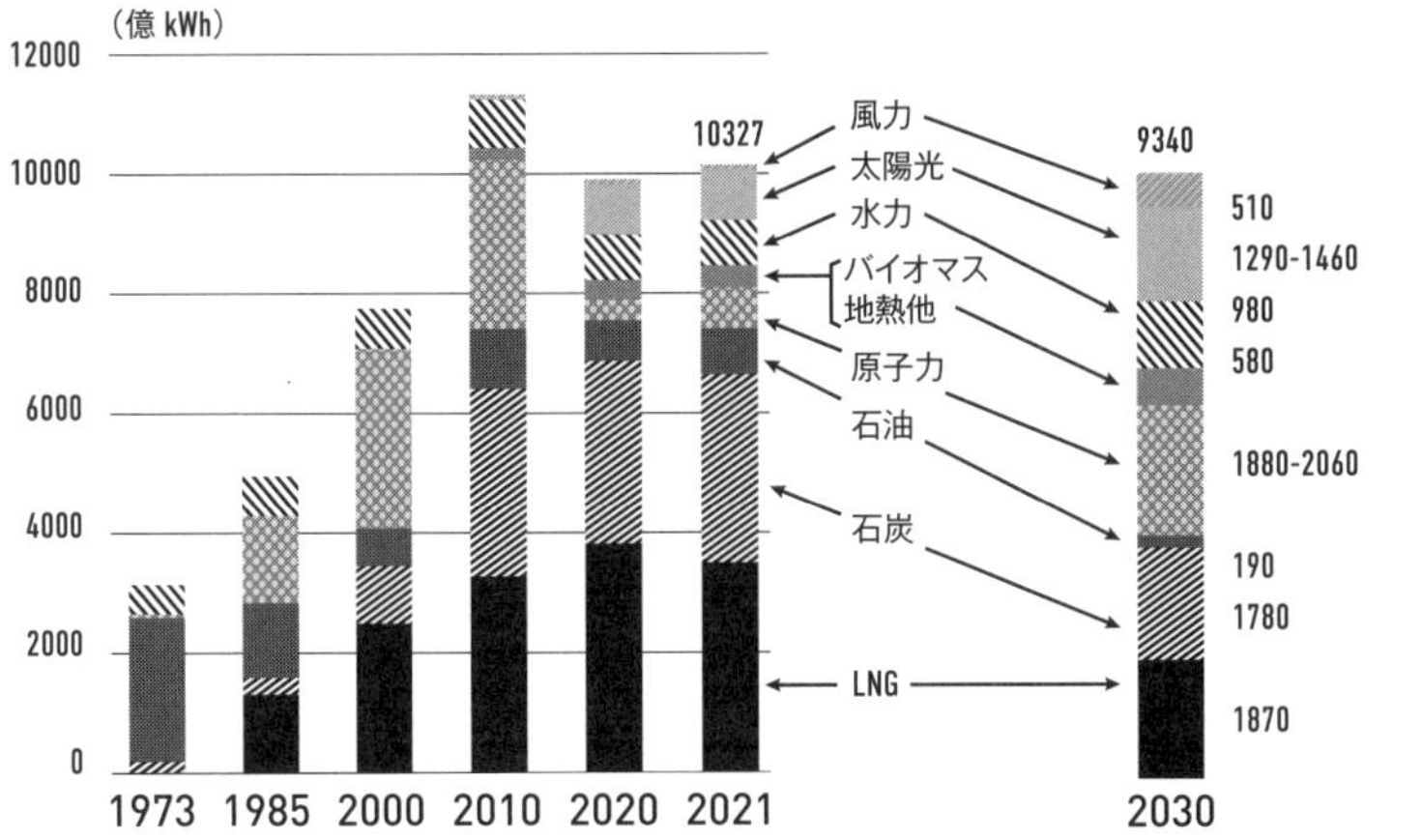

注：2010年までは一般電気事業者のみ
出典：総合エネルギー統計など

図表6-5　日本の電力供給量推移と2030年度目標

導入後の累計の削減量は約４億トン程度だ。約27兆円で４億トン。トン当たり７万円近い費用をかけての削減は、費用対効果の面から大きな疑問と言わざるを得ない。

ＦＩＴによる電気料金への影響は毎年上昇していたが、２０２３年度は化石燃料価格の上昇により、賦課金額は１kWh当たり１・４円に下落した。化石燃料価格の落着きを受け、２０２４年5月からは３・49円に跳ね上がる。家庭も、産業も２・09円の負担増になる。ＦＩＴの負担額の総額と電気料金で負担される再エネ賦課金額の毎年の推移は図表6-7の通りだ。

産業振興も安全保障、温暖化対策、経済成長、どれも効果が疑問だらけの再エネ導入を、政府はまだ続ける計画だ。２０２２

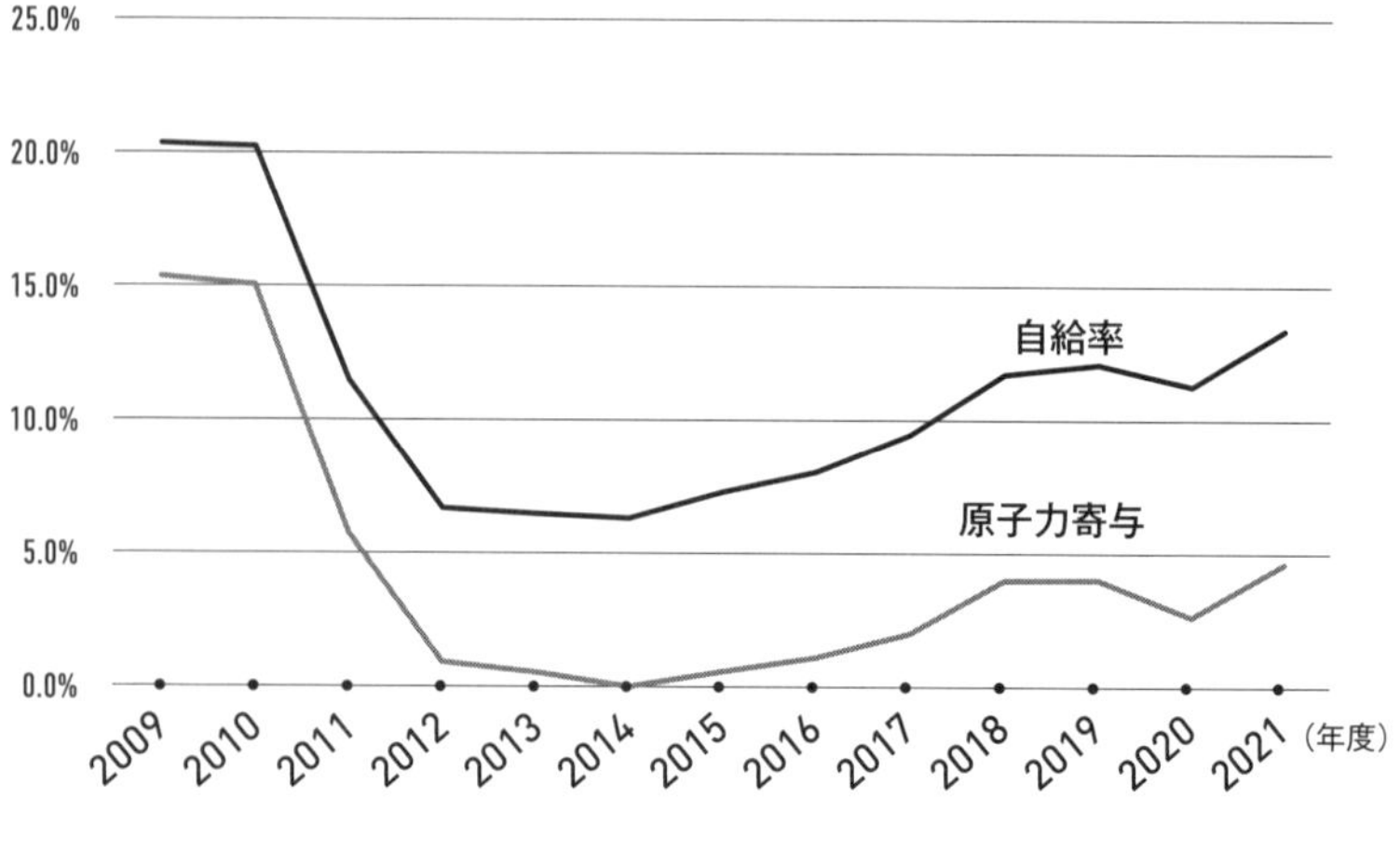

図表6-6　日本のエネルギー自給率推移　出典：総合エネルギー統計

年度の発電実績とエネルギー基本計画の目標発電量を比較すると、太陽光は９２６億kWhから１２９０億から１４６０億kWh、風力は93億kWhから５１０億kWhに大きく伸びることが想定されている。原子力発電も５６１億kWhが１８８０億から２０６０億kWhに伸びる計画だ。

この中でも政府が力をいれているのが、２０３０年までに１０００万kW、２０４０年までに３０００万kWから４５００万kWの案件形成を図るとしている洋上風力だ。既に、２０２１年から入札により事業者が選定されているが、日本より先行し事業を実施している欧州、米国では洋上風力事業の中断が相次いでいる。洋上風力に依存することは可能だろうか。

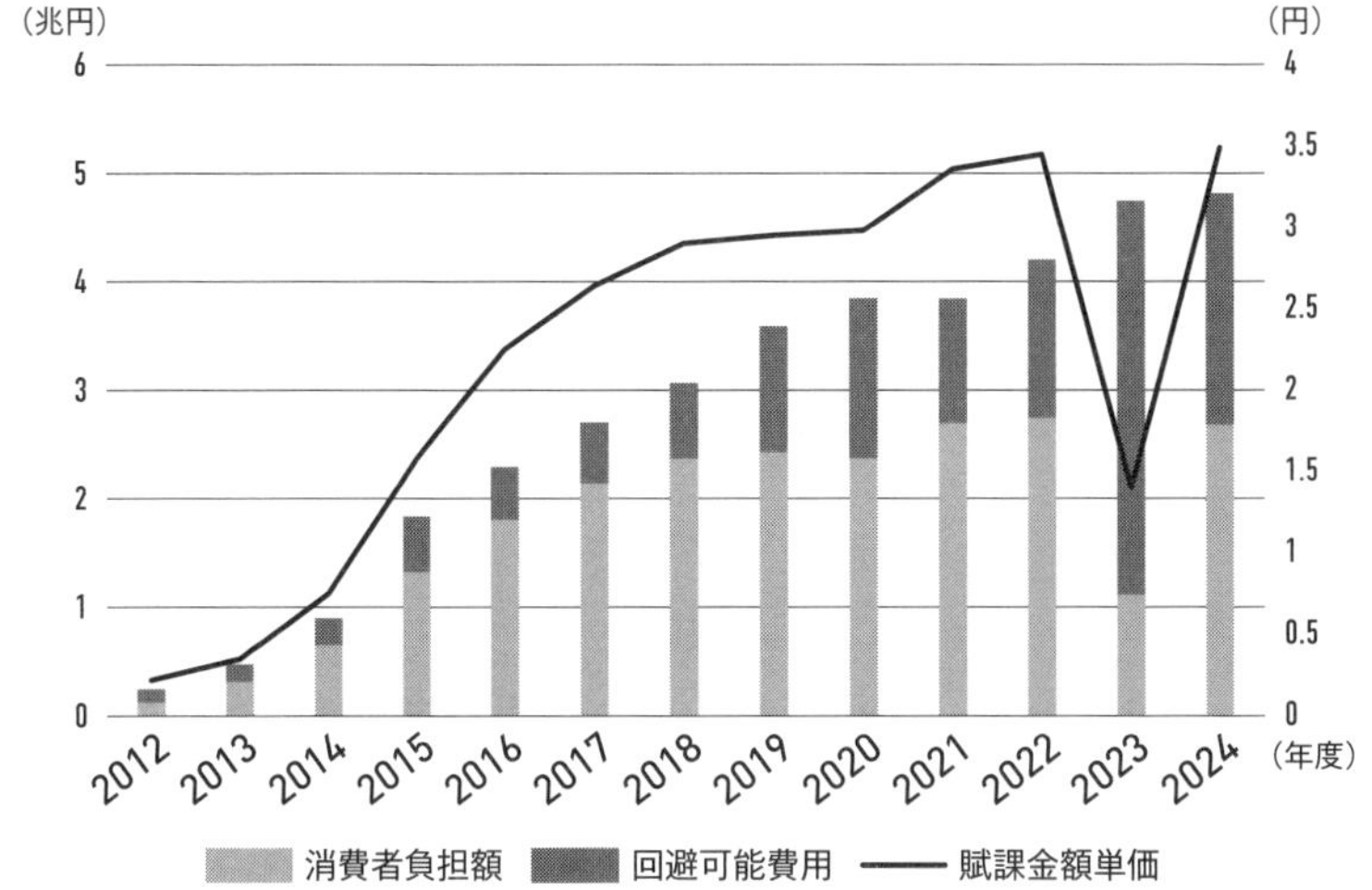

図表6-7　買取金額と賦課金額単価の推移

注:賦課金額は右軸、費用、負担額は左軸
出典:経済産業省資料から作成

再エネでの産業振興と雇用増は夢物語

発電コストが低いはずの洋上風力発電で資機材高騰

洋上風力発電が始まったのは、風の状態（風況）に恵まれ、遠浅な海岸が続くため風車の建設も容易な北海、バルト海に面した英国、ドイツ、デンマークなどの欧州諸国だった。デンマーク・ベスタス、ドイツ・シーメンスなどの風力発電設備メーカもある。

陸上風力設備に関し景観、騒音などの問題が指摘されるようになり、主要国は洋上風力に力を入れるようになった。風力発電設備は大型化が進んでおり、発電コストが下がると想定されていたことも洋上風力が注目される理由だった。２０２３年５月に開催されたＧ７広島サミットの首脳宣言では、「現在のG7国の設置容量2300万kWの洋上風力発電設備を2030年までに1億5000万kW増加させる」ことが謳われた。

世界の陸上風力設備の約4割を導入した中国も、欧州諸国に続き急速に洋上風力設備の導入を進め、瞬時に1位の英国を抜き去り、世界の累積導入量の約5割のシェアを持った。中国の狙いは陸上風力設備に続き洋上風力でも世界一の設備供給国になることだ。中国は太陽光パネルでも世界の7割以上の生産を行い、世界一になっている。電気自動車（EV）でも世界生産の6割以上のシェアを持つ。世界が脱炭素に向かう中で必要とされる再エネ設備、EVで世界の覇権を握ることが目標だろう。

米国でも北東部、西部、メキシコ湾で洋上風力事業が進み始めた。特に北東部では脱炭素電源として洋上風力が有力となり、ニューヨーク州、ロードアイランド州などが欧州・米国企業から洋上風力事業者を選定し工事を開始した。

しかし、欧州発のエネルギー危機によるインフレが資機材費の高騰を引き起こした。再エネ設備は、火力、原子力発電設備との比較では大量の鋼材、コンクリートなどの資材と鉱物を必要とするので（図表6-8）、インフレの影響は他設備より大きくなる。英国北海でCfD契約を獲得し事業を進めていたスウェーデンのエネルギー企業バッテンホールは、2023年7月事業から撤退した。当初予定の資機材費が40％上昇し契約していた売電価格では採算が取れないことが分かったからだ。

　２０２３年の英国の洋上風力のＣｆＤ契約の入札では、入札者が現れなかった。英国政府は２０２４年の入札価格では上限額を大きく引き上げた。着床式と浮体式の上限価格は、それぞれ73ポンド／MWhと１７６ポンド／MWhだ。２０１２年価格なので、現在の価格にし、円にすると19円／kWhと46円／kWhだ。

米国でも洋上風力導入で電気代上昇

　米国東部でも撤退が続いている。米国の大手エネルギー企業アバングリッドは、マ

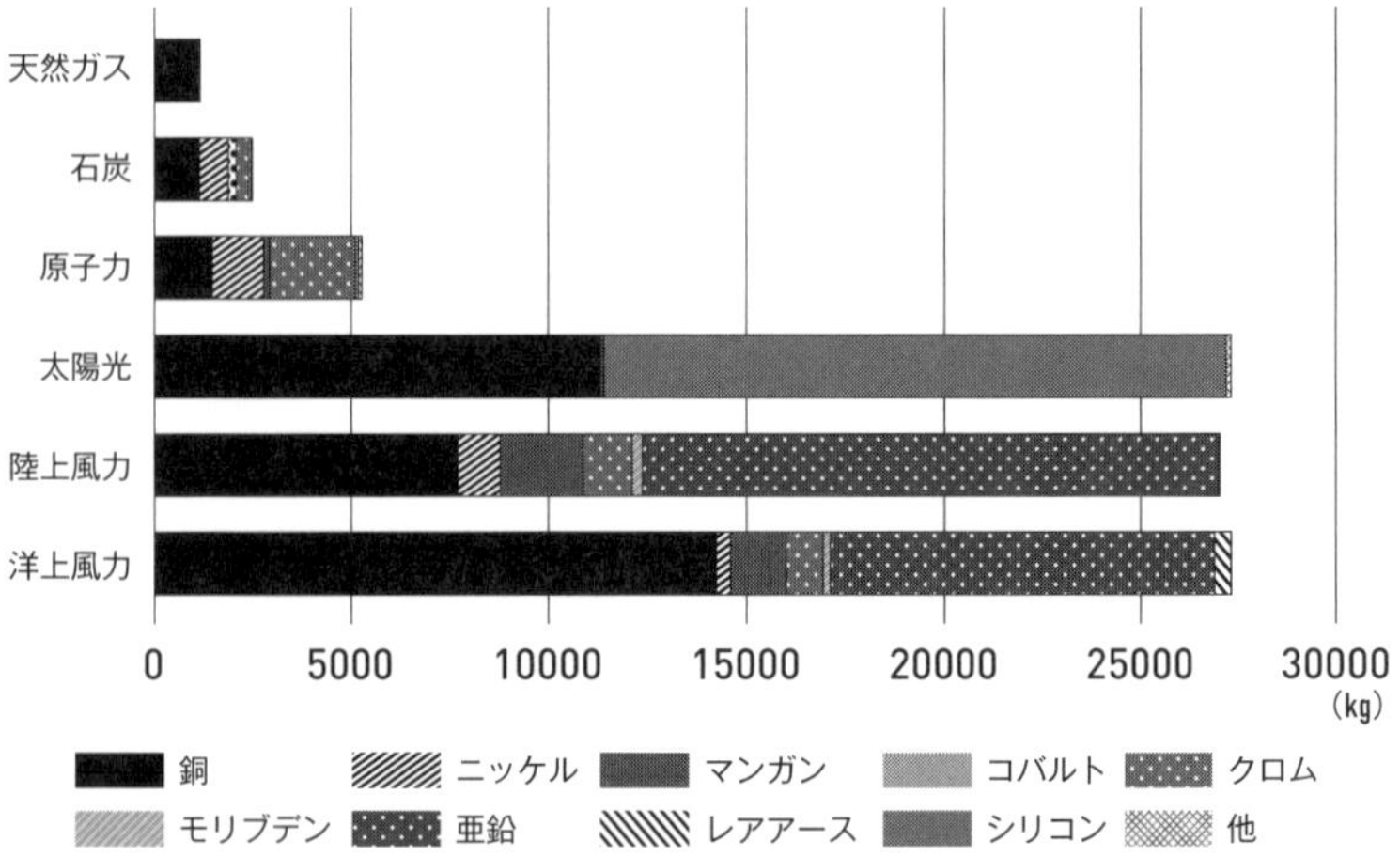

注：年間 700 万 kWh の発電に必要な鉱物設備利用率：洋上 45%、陸上 30%、太陽光 20%、他 80%
出典：国際エネルギー機関資料から作成

図表6-8　発電設備に必要な鉱物量

サチューセッツ州の１２２万kWの洋上風力事業について同州の３電力会社との間で売電契約を２０２２年に締結したが、２０２３年７月に４８００万ドル（約72億円）の違約金の支払いにより契約を解除した。

風力発電事業では世界最大手のデンマーク・オーステッドは、２０２３年11月ニュージャージー州の２２５万kWの事業について中断を発表した。最大56億ドルの減損が生じるため、２０２１年１月１３００デンマーククローネを超えていた株価は２０２３年11月に３００クローネを割り込んだ。同社がニューヨーク州で進める92万kWの事業については、同州で事業を進める英エネルギー大手ＢＰの合弁事業と歩調を合わせ売電価格の引き上げを要求した。

ＢＰはノルウェーのエクイノールと共同で進める同州の３事業（合計３３０万kW）について、契約期間の延長と合わせ３事業の売電価格、１kW時当たり11・８３８セント、10・75セント、11・８セントを、それぞれ15・９６４セント、17・７８４セント、19・０８２セントへの引き上げを要請した。

州政府公共事業委員会は要請を拒否したが、同委員会によると見直しによる消費者の負担増は２６７億ドル。家庭用電気料金の２・３％から６・７％引き上げに相当する影響がある。２０２４年１月にＢＰとエクイノールは一部事業の中止を発表した。

ニューヨーク州政府は、ＢＰ／エクイノールとオーステッドの事業を再入札することとし、現在の事業者にも入札が認められた。その結果、オーステッドとエクイノールの落札が2024年2月に発表され、旧契約に代わり新契約を締結することが認められた。契約は2024年の第2四半期に締結される予定だ。

ニューヨーク州は、2030年までに900万kWの洋上風力を導入する計画であり、2023年10月に合計400万kWを超える3事業について合意したと発表している。この3契約によりニューヨーク州の家庭の平均支払額は月2・93ドル上昇する見込みとされている。洋上風力の電力価格への影響は小さくない。

見落とされる再エネの「統合コスト」

日本では洋上風力導入を支援するため、「海洋再生可能エネルギー発電設備の整備に係る海域の利用の促進に関する法律」が2019年に施行された。国が促進地域を定め入札により選定された事業者は、30年間海域を占用可能な制度だ。2021年に初めて実施された秋田県沖と千葉県銚子市沖の3海域の入札では、FITに基づき買取価格が保証された。上限入札価格は1kWh当たり29円だった。2021年12月に入札結果が公表されたが、全てを三菱商事グループが落札し、その落札価格は秋田県能代市沖で13・26円、由利本荘市沖で11・99円、銚子沖で16・49円だった。

入札上限価格を大きく下回っているが、このコストでも料金の上昇を招く可能性がある。発電コストに加え必要なコストがあるからだ。第6次エネルギー基本計画では、2030年に電源を新設した際の発電コストが試算されている。事業用太陽光発電8・2円から11・8円、陸上風力発電で9・9円から17・2円だ。ところが、再エネの電源を利用するには、発電できない時間のバックアップ電源に加え、遠い地域に設置される再生エネ電源の送電コストが必要になる。統合コストと呼ばれる費用だ。

参考資料として示されているモデルケースでの試算では、事業用太陽光の発電コスト11・2円は統合コストを合わせると18・9円になる。太陽光よりは利用率が高い陸上風力の統合コストは小さくなるが、それでも14・7円の発電コストは、統合コストを含めると18・5円になる。洋上風力に関しては、統合コストは示されていないが、数円以上になるのは確実だ。統合コストを考えると、この落札価格でも平均の発電コストを引き上げるだろう。

長崎県西海市江島沖、秋田県沖などを対象とした2回目からの入札では制度が変更され、FITから卸電力市場の価格に対しプレミアムが支払われるフィード・イン・プレミアム（FIP）制度に変わったが、発表された落札価格は、ほとんどプレミアムを必要としない低廉と言えるレベルに留まっている。要は、発電された電力の大半を卸市場の価格で販売するということだ。

欧米の例からも分かるように、日本よりも風況に恵まれている欧州の北海、米国東部でも発電コストは、日本円で1kWh当たり20円から30円のレベルだ。日本の落札価格が安くなる理由は不明だが、再エネからの電気を必要とする需要家の存在があるかもしれないと言われている。米アップルなどは、サプライチェーンの脱炭素を目標としているので、部品メーカに再エネ電源の利用を求めている。そのため再エネ電源からの電気を高くても購入する需要家がいるのかもしれない。

洋上風力発電導入で産業振興は実現しない

洋上風力導入の狙いの一つは、産業振興にある。今世界の風力発電設備の製造は、中国、欧州、米国企業が担っている。日本で洋上風力発電設備を導入することで日本に部品製造メーカを育てる狙いだが、実現は難しいだろう。部品数が多い風力発電設備では既にサプライチェーンが組まれている。そこに新たに割り込むことは難しい。仮に可能としても、今よりも安い価格が要求されるだろう。かつて日本企業も風力発電設備を製造していたが、欧州、中国製との競争に敗れ、全ての企業が製造から撤退した。事業者も製造国にこだわらず競争力のある設備を選択しなければ、発電コストを抑えられない。

中国は、自国内で市場を作り、太陽光、風力発電設備、蓄電池、ＥＶ製造で大きな世界シェアを握った。たとえば、風力発電の主要設備の中国シェアは6割から7割を占めている。加えて、再エネ設備、蓄電池などの製造に必要な重要鉱物についても、中国が大きな世界シェアを持っている（図表6－9）ので、日本企業が、今から洋上風力発電設備製造で国際競争を勝ち抜くことは非常に難しい。

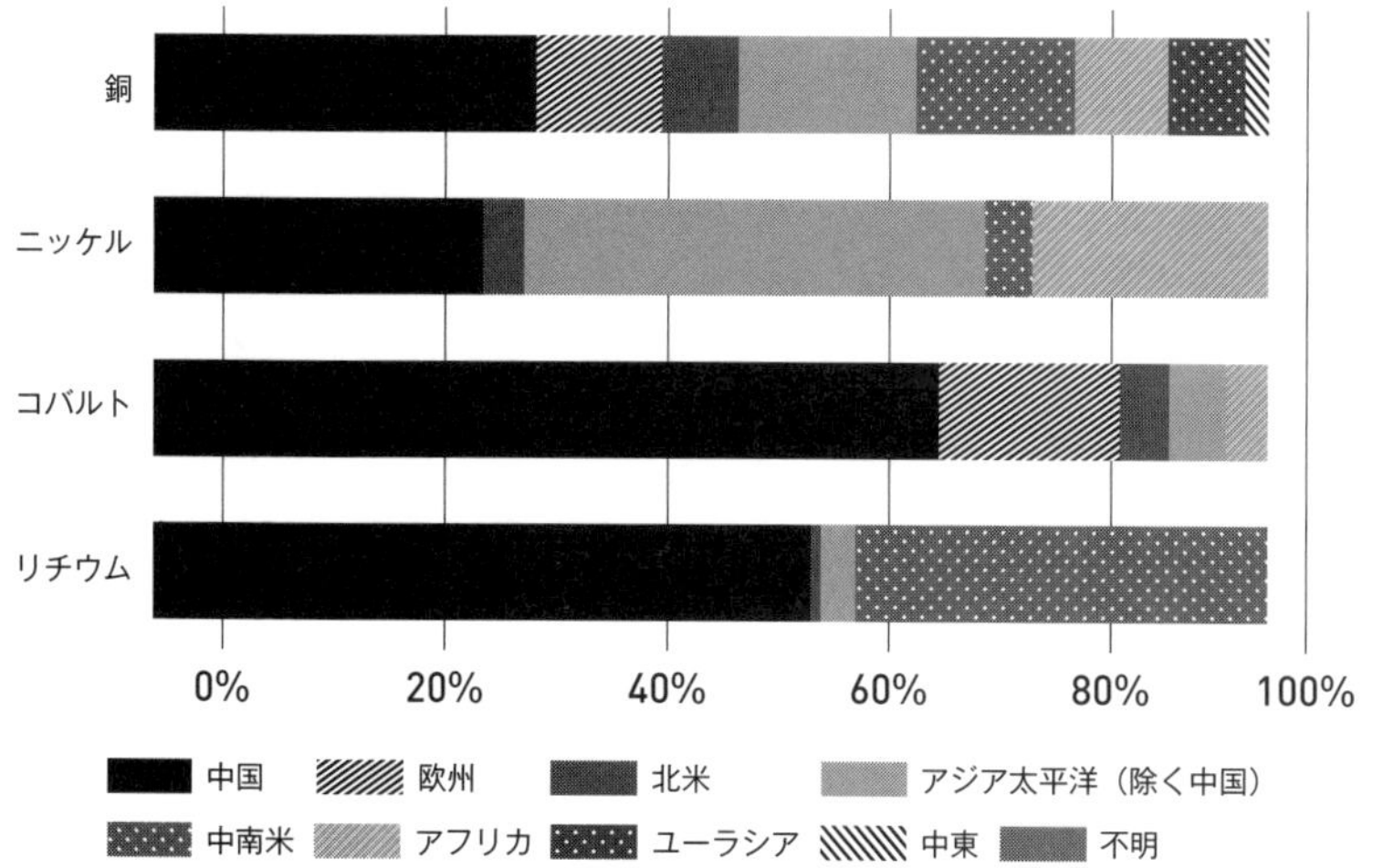

図表6-9　重要鉱物の地域別生産能力

注：2021年の数字
出典：国際エネルギー機関

地域での雇用も増えない。再エネ設備に関する雇用の多くは建設に係る雇用だ。累積の再エネ設備導入量が多いドイツの太陽光、風力発電設備に係る雇用を見ると、導入量が減少すれば、雇用も大きく減る。図表6-10がドイツの太陽光発電事業に係る雇用を示している。建設工事が少なくなれば、雇用も少なくなるのだ。

常雇いの雇用が少ないのは、風力、太陽光発電の現場には人がいないことからも分かる。パソコンで監視しておき、トラブル発生時に保修の人を派遣すれば足りる。事業の投資家は都市部にいるのが普通なので地元での稼ぎもない。工事が終われば、地元の雇用の大半はなくなるだろう。残るのは消費者が負担する電気料金だ。２０１０

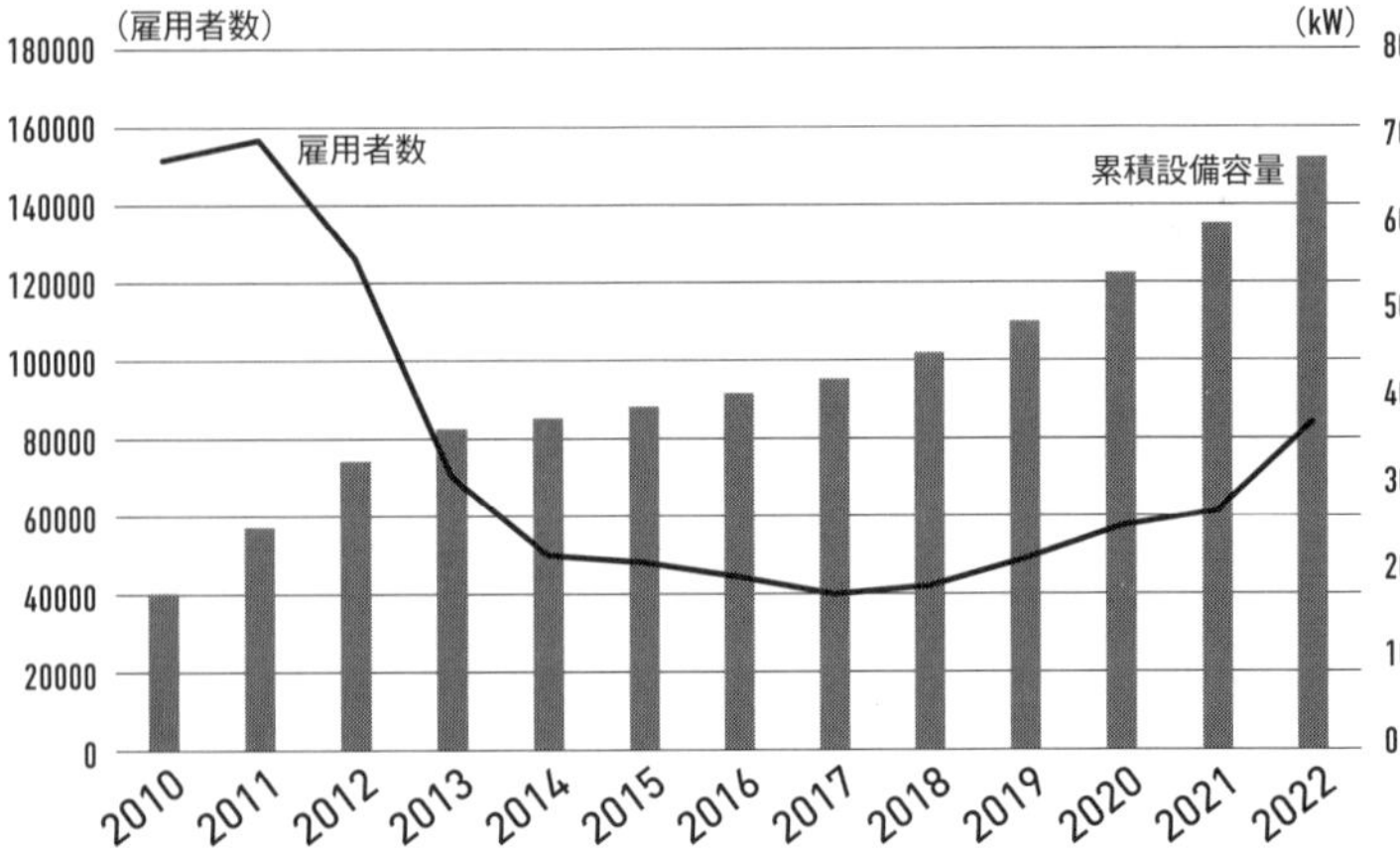

出典：economic structures research 他
注：雇用者数は左軸、設備容量は右軸

図表6-10　太陽光発電設備と雇用者数

年当時の民主党政権は、「新成長戦略～『元気な日本』復活のシナリオ～」を発表した。その中で強みを活かす成長分野の最初に掲げられたのが、グリーン・イノベーションによる環境・エネルギー大国戦略だ。２０２０年までの目標は次の３点だった。

「50兆円超の環境関連新規市場」、「１４０万人の環境分野の新規雇用」、「日本の民間ベースの技術を活かした世界の温室効果ガス削減量を13億トン以上とすること（日本全体の総排出量に相当）を目標とする」。何も実現しなかった。環境ビジネスの目玉だった太陽光発電設備は、成長どころか中国にシェアを奪われ、日本企業は市場を失った。

失われた30年間の間、「日本再興戦略」「未来投資戦略」と言葉を変えながら同じような内容の成長戦略が掲げられた。ＩＴ、イノベーション、スタートアップ育成、大学改革、女性活用などだ。成長戦略で描いた姿が実現していれば、給与も増えていたのではと思ってしまう。洋上風力の推進は国民に負担を残し、中国を助けるだけに終わるのではないか。

米国との連携で脱炭素、経済成長、安価なエネルギーを実現

GXでの2050年脱炭素は可能か

日本政府は、2050年の脱炭素を達成し同時に経済成長、エネルギー安定供給を目指すGX（グリーントランスフォーメーション）を策定し、2023年7月に「脱炭素成長型経済構造移行推進戦略」を閣議決定した。10年間で150兆円超の投資を想定し、鉄鋼、化学、紙パルプ、セメント、自動車、蓄電池、航空機、SAF、船舶、くらし、資源循環、半導体、水素等、次世代再エネ（ペロブスカイト太陽電池、浮体式等洋上風力）、原子力、CCSの重点16分野を定めている。

150兆円超の投資が予定されているが、政府の資金は使用されない。2023年度から発

行された「脱炭素成長型経済構造移行債」（ＧＸ経済移行債）で調達する20兆円の先行支出を見込むが、その償還は２０２８年度からのＣＯ$_2$の排出量に応じて課税される炭素税と２０３３年度からの発電設備などを対象とする排出権取引からの収入により償還される。

脱炭素が進むことにより化石燃料の消費量が減少する見込みと、２０１２年に導入されたＦＩＴ電源への20年間の支払いの終了が始まることから、消費者が負担するガソリンなどの価格と電気料金の上昇はないと想定されているが、いずれにせよ償還資金は化石燃料、電気料金経由の消費者負担だ。残りの１３０兆円超の資金は、全て民間企業の投資だ。

米国もＥＵも脱炭素政策で、産業競争力を強化し、経済成長を狙っている。米国は２０２２年にインフレ抑制法を導入し企業などへの支援を始めた。ＥＵは２０２３年2月にグリーンディール産業政策を打ち出した。共に再エネ設備、水素製造、蓄電池、ＥＶ、原子力発電など脱炭素のための技術開発、設備製造を支援する。国内に世界最大の市場を作ることで再エネ設備と蓄電池、ＥＶ市場で覇権を握った中国の存在もある。

日本政府は民間企業の投資に期待しているが、欧米とは社会の事情が異なる。日本の国内総生産（ＧＤＰ）は、30年前に世界経済の18％あったが、失われた30年間の低成長の結果、今や4％。少子高齢化により、２０７０年の人口は今から3割、労働力人口は4割減少する。大きく縮小する市場での投資は期待できない。

ＧＸを進め再エネの導入が増えれば、自然条件に恵まれない日本のエネルギーコストは相対的に他国より上昇する。法人企業統計によると１９９２年度57兆円あった設備投資額（金融保険を除く全産業）は、２０２２年度47兆円、ＧＸに重要な製造業では19兆円から15兆円に減少している。企業は今の設備の更新投資に加え毎年15兆円の脱炭素投資を実行可能だろうか。

主要国が脱炭素を競えば、エネルギー覇権を握るのは米国だろう。世界最大の原子力発電設備を有し、日照にも風況にも恵まれている地域を多く持つ。天然ガスから製造する水素の価格も競争力を持つ。脱炭素技術の分野でも先行している。米国に対抗するのは、やはり中国だろう。太陽光、風力発電設備、ＥＶ製造で世界の覇権を握っている。再エネ設備、蓄電池に使用される原材料の供給も握っている。

日本が米中の狭間で、脱炭素、安定供給、経済成長を実現可能だろうか。日本と同じく製造業比率が高いドイツでは、エネルギー多消費型産業のエネルギーコストが安い米国への流出を懸念する声がある。日本も脱炭素を進めればエネルギーコストが上昇しドイツと同様の心配をすることになる。日本製鉄は米国のＵＳスチールの買収を発表したが、エネルギー価格、電気料金が安い米国は電炉にも高炉製鉄にもエネルギー多消費型産業にも魅力的な地だ。

日本が脱炭素と同時に安定供給と経済成長を狙うのであれば、ＧＸのように全分野での投資を想定するのではなく、投資分野を思い切って日本が依然優位性を持つ分野に絞るべきだろう。

中国、欧州主要国と競争できる電気料金をベースに、たとえば米国企業が開発を進める小型モジュール炉（ＳＭＲ）を製造し輸出する事業などを検討すべきだ。中国の原材料に大きく依存しない製造業で、高い付加価値を生み出す産業を振興する必要がある。

国内と同盟国内でのエネルギー調達を考えるべきだろうが、その一つの方策は、エネルギー覇権を持つ米国との連携による安定供給、安価なエネルギー・電気、脱炭素実現策だ。その方法はある。

シェール革命以降、エネルギー競争力を増した米国

米国のエネルギー社会を変えたのは、第２章で触れたシェール革命だった。エネルギー消費が増えるばかりだった米国では、石油に加え天然ガスも自給できなくなり、石炭を除く化石燃料を輸入していたが、２０００年代後半からのシェール革命は米国を全ての化石燃料の自給可能な超エネルギー大国に押し上げた。石油と天然ガス生産量は世界一になった。

脱炭素社会のため、バイデン政権はインフレ抑制法により再エネと原子力による電源の脱炭

素化への支援に加え、運輸部門ではEV乗用車への購入補助金、産業部門では水素利用、CO_2の捕捉と貯留（CCS）への補助制度を導入し支援を行っている。

国際商品である原油の価格は別として、米国内の天然ガスと石炭の価格は、欧州、アジア市場の価格とは全く別の動きをしており、ロシアが引き起こしたエネルギー危機時でも、欧州市場との比較では大きな影響を受けることはなく、低価格で安定的に推移した。天然ガス、石炭と原子力発電が主体の電力価格も大きな上昇はなく、主要国の中では最も競争力がある。

日本が安定供給を実現するには自給率を向上させ、脱炭素のエネルギー供給を同盟国に頼る必要がある。自給率向上には再エネ導入も必要だが、エネルギー価格を引き上げる。競争力のあるエネルギー・電力価格を実現するには、自給率向上だけでなく、同盟国から競争力のあるエネルギーの輸入も必要になる。

日本の最終エネルギー消費のシェアは、電力28％、都市・天然ガス9％、石油製品46％、石炭・石炭製品10％だ。家庭部門では電力が半分を占めるが、輸送、産業部門では石油製品のシェアが高い。日本は失われた30年を経験したが、産業部門の主力エネルギーの石油は国際価格で取引されるため、エネルギーについては国際競争力上で大きく劣後することはなかった。電気についても、化石燃料の中では価格競争力のある石炭を大型船で沿岸部の発電所に輸送したので、欧州の主要国との比較でも電気料金に遜色はなかった。

しかし、脱炭素に向かい輸送部門のガソリンと軽油消費は徐々にEV、電気に変わり、発電部門は化石燃料の火力発電から脱炭素電源に変わっていく。電気の利用が難しい、長距離バス・トラック、ディーゼル列車、外航船は水素利用の燃料電池あるいは水素から製造される合成燃料に、産業部門の天然ガス、石油、石炭も水素利用になると思われる。これからは、脱炭素のエネルギー調達方式が価格を決めることになり、国際競争力に影響を与える。

脱炭素に必要な「水素社会」の可能性

発電部門の脱炭素に加え必要になるのは水素だ。非炭素電源の電気と製造時にCO_2を出さない水素を、安定的に可能な限り競争力のある価格で得ることは可能だろうか。

世界では水素は、肥料原料のアンモニア製造などに利用されている。年間約9000万トンの水素の大半が天然ガスあるいは石炭から製造されているが、製造時に大量のCO_2が排出される。天然ガスからの水素製造に伴うCO_2排出量は、水素1トン当たり8から9トン。石炭から製造する際には20トン近い排出になる。水素製造に伴うCO_2排出量は年間9億トンになり、ドイツの排出量を上回る。天然ガスから作られるのはグレー水素、褐炭、石炭からはそれぞれブラウン水素、ブラック水素と呼ばれる。

製造時にCO_2を排出しない水素製造には、化石燃料から製造し、排出されるCO_2を捕捉、貯留する方法がある。作られる水素は、ブルー水素と呼ばれる。あるいは、CO_2を排出しない再エネ、原子力の電気を利用し水の電気分解でクリーン水素を製造する方法もある。

日本は2030年に300万トン、2040年1200万トンの水素利用を想定している。米国は2030年に1000万トン、2040年に2000万トンのクリーン水素の利用を見込む。EUは2030年に2000万トンを想定し、域内と域外で1000万トンずつ製造する計画を立てている。各国とも輸送、産業部門で水素の需要を作り、ブルーあるいはクリーン水素を供給する計画だ。

太陽光、風力などの再エネ電源を利用し水の電気分解で水素を製造することが日本でも検討されているが、コストは高くなる。再エネ設備はいつも発電できないため高額な水電解装置の利用率が低くなり、コストが上昇するためだ。

たとえば、欧州ではアルカリ水電解装置の価格は1kW当たり1300ドルだ。設備利用率が90%、残存価値10%、償却期間10年の2万kWの装置であれば利用率90%で年間約3100トンの水素を製造可能だ。水素1kg当たりの償却額は約75米セントだ。利用率が40%になれば約1・70ドルになる。1kg当たり1ドル近くコストが異なる。将来水電解装置の価格が下がれば、この差は縮まるが、無視できるほどにはならない。

米国エネルギー省は、クリーン水素を１kg当たり４ドルで製造するためには、水電解装置の利用率が90％の前提で、電力コストは１kWh当たり４セントで良いが、利用率が50％であれば、２セントの電力コストが必要との試算を示している。

ＥＵのように再エネ電源があちこちにあり、どこかの電源が使える可能性があれば水電解装置の利用率は向上するが、日本での再エネ電源の組み合わせには限度があり、利用率は向上しない。また、水素１kgの製造に約50kWhの電力が必要なので、電気料金が１kWh当たり15円としても電力コストだけで７５０円になる。政府の１kg当たりの目標コストは、２０３０年３３０円、２０５０年２２０円だ。出力制御される再エネの電気を利用する方法もあるが、発電量は非常に限定される。

国内で水の電気分解により製造した水素で発電することは、エネルギー効率の観点から理に適っていない。水素製造に使用する電気を水素製造に利用せずそのまま使用すればよいだけだ。

政府は、豪州ビクトリア州の褐炭からブルー水素を製造するプロジェクトを進めているが、現在発電に利用されている褐炭を全て水素にしても、年間の製造量は数十万トンに留まる。産業、輸送部門などでの将来の水素需要に応えることは難しい。

米国石油協会は、２０５０年に米国において６０００万トンから８０００万トンの水素が製造され、その90％は天然ガスから製造されるとのレポートを発表している。ブルー水素の２０３０年の製造コストは、天然ガス価格１００万ＢＴＵ当たり４・23ドルの前提で水素１kg当たり１・27ドルだ。２０２４年３月の米国の天然ガス価格は１・50ドルなので、原料価格は達成可能なレベルだ。

米国政府は、インフレ抑制法によりブルー水素製造時に排出されるCO_2をＣＣＳ利用で吸着する際には、$CO_2$1トン当たり60ドルから85ドルの税額控除を12年間にわたり認めている。米国のブルー水素は、高い価格競争力を持つ水素になる可能性が高い。水素を輸入する際には液化、あるいはアンモニア、メチルシクロヘキサンに加工する必要があり、加工のためのエネルギーが必要になる。加えて、海上運賃も必要だが、この価格レベルであれば、国内における水素製造に加えて輸入にも供給を分散する価値がある。

日本は、米国からのブルー水素を輸入する一方、国内においても原子力発電の電気を主に再エネからの電気も使い、利用率の高い水電解装置を水素の需要地の近くに設置し水素を供給することを考えるべきだろう。将来の水素社会においても供給の分散が必要な以上、米国から競争力のある水素の輸入も検討に値する。

脱炭素時代に日本がとるべき電力政策

ロシア、中国からの電力供給は非現実的

　ソフトバンクグループの孫正義社長は、かつて「アジアスーパーグリッド」を提唱した。アジア諸国を送電網で結び、再エネの電気を有効活用する構想だ。２０１６年にソフトバンクグループは、モンゴルの風力の電気をロシアあるいは韓国経由で日本に送る事業の企業化調査を、中国、韓国、ロシアの3カ国の電力事業者と共同で実施した。結果、孫正義社長は経済性があるので、送電網を作りたいと述べたと報道された。

　冷戦時代の１９７０年に旧西ドイツは旧ソ連とパイプライン経由天然ガス購入について合意し、その後ロシアとの間に直接海底パイプラインを敷設するほど関係を深めた。背景には、ド

イツ、特に産業界がロシアの価格競争力のある天然ガスを必要とした事情があったが、ロシアのウクライナ侵攻により独裁国家にエネルギーを依存する怖さを知ることになった。

独裁国家、あるいは政治体制が異なる国にエネルギーを依存すると大きなリスクを抱えることになるのは当然だ。孫正義社長の構想を受けてのことだろうが、自然エネルギー財団が事務局を務めるアジア国際送電網研究会が、2019年に報告書を出した。その中で電力の依存リスクについて次のように述べている。「エネルギー安全保障上の懸念については、日本にとって実質的に無視できるものであることが分かった。十分な国内供給力を前提に限られた量の電力を輸出入するに際し、他国が政治的な理由から輸出停止措置を講じる効果はほぼなく、従ってその便益もない」。旧西ドイツ並みに甘い考えだろう。そもそも限られた量の電力の輸出入では採算が取れない。

アジアを送電網で結ぶと、電力需要が伸びている東南アジア諸国は電力輸出どころではなく、電力輸出が可能な国は再エネ電源を敷き詰めることができるモンゴルと中国だが、送電は中国経由になる。自然エネルギー財団は2021年の資料で2050年にロシアから石狩、中国から韓国経由松江に1000万kWの送電線を敷設し、電力輸入を行う案を公開している。ロシア、中国に電力供給を依存することができないのは、明らかだ。

日本は早急に電力政策の見直しを

データセンター、水素製造など、将来大きな電力供給が必要になる可能性が高いが、国内で電力需要を賄う設備を用意する必要がある。安定的な価格競争力のある脱炭素電源は原子力発電にならざるを得ない。再エネについては先にも触れたが、問題は安定的な供給と送電線整備、さらに多くの設備が中国から供給されることだ。

再エネ主体の電力供給で停電危機を避け安定的な電力供給を行うには、大規模蓄電装置、たとえば揚水発電設備、あるいは大型蓄電池が必要だが、揚水の適地は限られているし、そのコストは残念ながら高い。蓄電池の性能（利用時間）と価格も依然として大規模導入には難しいレベルだ。将来蓄電池の価格下落があるだろうが、時間がかかる。中国依存の原材料からの脱却という重い課題もある。

米国が先頭を切り建設に向け動き出している小型モジュール炉（ＳＭＲ）も有力な電源となり、日本企業が製造すれば輸出産業になる可能性も高い。たとえば、マイクロソフト創業者のビル・ゲイツ氏が設立した原子力企業テラパワー（写真）がＧＥ日立ニュークリア・エナジー社と共同開発した34・5万kWのナトリウム冷却高速炉の建設が2024年6月にワイオミング州で開始された。完成予定は2030年。筆者は2020年にテラパワーの研究所を訪問し、溶融塩を使ったエネルギー貯蔵システムなどの説明を受けたが、高速炉にエネルギー貯蔵システムも併設され最大出力は50万kWになる。しかし、現在の日本の電力市場ではリスクを取り、原子力発電所を建て替え、あるいは新設する事業者は出てこない。容量市場はできているものの建設に伴うリスクは事業者の負担だ。新技術となるSMRとなれば、リスクも増える。

日本が脱炭素を進めながら、安定供給と競争力のある電力価格を実現する方法は限

シアトル郊外にあるテラパワー本社（撮影：筆者）

られている。欧州のように日照、風況に恵まれた自然条件の良い場所に導入された再エネ設備と原子力発電の電気を連携線経由で利用できる環境にもない。米国のように自然条件にも、化石燃料とCCSの適地にも恵まれているわけでもない。

日本が引き続き、欧米諸国と国際競争を行うエネルギー・電力価格を追求するのであれば、現在の電力制度の見直しが必要だ。日本のように送電線がつながっていない国が、欧州諸国、一部の米国の州が進めた自由化政策と同様のことは行えない。制度の大幅見直しによる新規電源建設支援策が必要なことを認識すべきだろう。

エネルギー・電力価格は経済を支える基礎だ。その競争力を失えば経済成長も給与増もなく、日本は世界の中で存在感を失い、少子化も止まらない。早急な電力政策の見直しが必要だ。

脱炭素時代のエネルギーと電気

⬇地球温暖化の原因は、二酸化炭素を中心とした温室効果ガスの排出にあると考えられている。産業革命以来石炭、石油、天然ガスの化石燃料の使用が増え二酸化炭素濃度も上昇している。主要先進国は**2050年に温室効果ガスの排出量を実質ゼロ**にする目標を打ち出している。

⬇日本は、**2030年度に2013年度比温室効果ガスを46%削減する**としており、そのため第6次エネルギー基本計画で、一次エネルギーに占める化石燃料比率を今の8割以上から3分の2に、電力供給では再エネと原子力の非炭素電源により59%を供給する目標を立てている。

⬇再エネ導入支援のため電気料金を通し消費者が負担しているが、その総額は2023年9月時点で約27兆円になっている。再エネの発電により節約できた燃料代を考慮しても、国民1人当たり10万円以上を負担した。自給率向上と二酸化炭素削減に多少効果はあったが、費用対効果では疑問がある。温暖化の目標を必達と考えるのではなく、もう少し楽観的に考える必要がある。

⬇再エネ導入により**電力供給は不安定化した。**狙いであった**産業振興**も実現しなかった。**中国**が、太陽光パネルも風力発電設備供給も大きなシェアを持ち世界の覇権を握っている。日本政府が力を入れている再エネ設備は**洋上風力**だが、英国、米国ではエネルギー危機による設備費上昇に耐えきれなくなった事業者が、違約金を支払い事業から撤退している。欧米よりも風況に恵まれない日本では発電コストはさらに高くなる。

➡中国が風力発電設備の主要部品については世界シェアの6割から7割を持つ。日本で部品を製造し供給する考えがあるが、強固なサプライチェーンが組まれており、割り込むことは困難だろう。また、安値が必要とされる。

➡**雇用**についても期待できない。稼働している再エネ設備の現場で人を見ることは少ない。操業の雇用はほとんどない。ドイツの再エネ産業の雇用の推移をみると雇用の大半は建設工事のものであり、工事が減れば雇用も大きく減る。

➡政府は150兆円超の**GX**投資により**脱炭素**と同時に**経済成長**を図るとしているが、150兆円の内先行する20兆円の国債による投資も、結局は産業、消費者が炭素税などの形で負担する。残り130兆円は産業部門の支出だ。過去30年の間設備投資額が伸びていない産業部門が新規に投資できる金額だろうか。

➡**エネルギー危機**は、独裁国家にエネルギーを依存するリスクを明らかにした。脱ロシア、脱中国が必要とされる時代の**安全保障**、コストを考えると、**世界一のエネルギー大国・米国との連携**が重要になる。米国が製造する競争力のある**クリーン水素**の輸入、米国の**原子力技術**の利用が必要だ。電力の安定供給とコスト競争力を脱炭素と同時に追求するには、現在の制度の見直しが必須だ。

おわりに

前著『間違いだらけのエネルギー問題』を執筆中の2022年2月に、ロシアのウクライナ侵攻が始まり、エネルギーを取り巻く世界は大きく変わりました。

ロシアのウクライナ侵攻前には、世界の多くの国は、脱炭素を目指す意気込みは持ちつつも、一次エネルギーの8割前後を石油、石炭、天然ガスの化石燃料に依存していました。主要国は、3つの化石燃料をほぼ3等分し安全保障上の問題はないと考えていたのでしょう。たとえば、日本は石油の大半を中東に依存しているものの石炭は豪州、LNGは豪州、東南アジア、中東、米国に依存し、分散が図られていました。

そんな分散は、安全保障上意味はないと知らしめたのが、ロシアでした。世界で、化石燃料を全て自給可能な国は、限られています。たとえば、オーストラリアは、石炭と天然ガスの大輸出国ですが、石油を輸入しています。全ての化石燃料を生産し、輸出可能な国は世界に2カ国だけです。ロシアと米国です。

米国は2000年代にシェール革命が始まるまでは、石油と天然ガスの輸入国でした。シェール革命により、シェール層に閉じ込められていた天然ガスと原油の取り出しに成功した後、生産量は年々増加し、天然ガス生産量はロシアを、原油はサウジアラビアを抜き、共に世界一の生産国になりました。石炭は元々輸出国でした。

ロシアも全ての化石燃料生産国、かつ輸出国です。2大エネルギー生産国の米国とロシアですが、国内消費量が少ないロシアは、天然ガス、原油と石油製品の輸出は世界一。石炭は世界3位の輸出国ですが、石炭の輸出は寡占化が進んでいるため世界の輸出に占めるシェアは2割近くありました。ロシアは世界の化石燃料市場に大きな影響力を持っていたのです。

その状況下で、ロシアがウクライナに侵攻したため、ロシアから大量の化石燃料を輸入していた欧州諸国は、脱ロシア産化石燃料の実現に四苦八苦し、化石燃料価格は大きく上昇しました。日本も、とばっちりをくらい、LNGも石炭価格も上昇し、電気料金も値上がりしました。

ロシアのウクライナ侵攻が世界の国に教えたことは、独裁国家に依存するリスク、自国内あるいは同盟国からのエネルギー調達の重要性でした。この教訓に基づき、主要国は、再生可能エネルギー、原子力発電導入、脱中国産原材料に大きく舵を切りましたが、実現には長い時間がかかりそうです。

このロシアが変えた状況について、前著ではほとんど触れることが出来なかったのですが、ウェッジから続編として電力の問題に関する原稿の話をいただき、今回、電力の話を中心にエネルギーを取り巻く変化も前著の続編として書くことになりました。Wedge ONLINE をはじめ、いくつか連載を持っており、並行して本書の原稿を書くことになり、予定よりも少し遅くなってしまいました。

「はじめに」でも触れたのですが、私は総合商社で、海外での石炭資源開発業務に従事した後、温暖化対策、排出権獲得事業に従事しました。企業に勤務している時から、もう一つ別の働き方も経験したいと考え、大学の教員になることを考えていました。そのためには、業績が必要と考え、勤務の傍ら学会誌に論文を書き、また著書も出版しました。企業勤務時代に、米国の大学に留学するチャンスもあったので、留学しておけばあまり苦労せずに教員に転身できたのかとも思います。大学教員への道を考えておられる方には、機会があれば留学することをおすすめします。

最初の著書は、講談社から新書の形で出版できたのですが、その内容は仕事の過程で学んだことです。入社後数年間、オーストラリアからの石炭輸入業務に従事したのち、米国西部での石炭資源開発事業の担当になりました。日米の合弁のプロジェクトで、事業形態の検討から合弁契約書作成まで担当しました。当時、日本では事業採算の検討方法として、単純な会計的な手法からキャッシュフローを利用したＲＯＩ（投資収益法）に移行が始まったばかりの時でした。ＲＯＩに関する日本の書籍は数冊あったのですが、かなり間違った内容の本もあり、結局合弁相手の米国企業の会計士から教えてもらいながらＲＯＩのコンセプトを学びました。

その後、米国の公認会計士事務所を雇用し、投資形態を検討しました。ニューヨークに出張し、１週間打ち合わせましたが、１日の打ち合わせが終わった後、夜遅くに疑問点を尋ねると、翌朝には回答のレポートが出てくるのです。それが１週間続いた時には、米国のエリートと言われる人のほとんど寝ないで働く姿勢に感嘆するしかありませんでした。

契約書作成時に雇用したニューヨーク州弁護士も、モーレツな仕事ぶりでした。東京から何時に電話しても事務所にいるのです。ニューヨーク出張時に弁護士事務所を訪ねると、交代制の秘書の机には「あまりに忙しく、私は殺される」とメモが貼ってあり「弁護士には自宅は必要ないのではないか。朝6時帰って、9時には事務所にいる。事務所で寝ればよい」と言っていました。他の弁護士からは、「私の担当の弁護士がいつまで持つか事務所内で賭けが行われている」と冗談のような話を聞きました。担当弁護士は、西海岸での会議を大歓迎でした。夜行便を利用すれば普段の睡眠時間よりも長く5、6時間寝ることができるというのが理由でした。

米国のエリートと言われる人たちの一部は、想像を絶する仕事ぶりです。このプロジェクトに従事した後米国に赴任しました。もう少し長く米国生活を楽しみたかったのですが、3年後に帰国辞令があり、帰国後は東京で海外資源開発業務に復帰しました。担当は全世界に広がり、北米、オーストラリアに加え、インドネシア、ロシア、南アフリカも担当することになりました。

年間に20回近い海外出張のため機内で過ごす時間が延べ2週間ほどあり、機内の時間を執筆に当てました。米国企業から学んだ「投資に関する意思決定方法」と多くの海外企業を見た経験をまとめた「海外事業、企業経営」に関する2冊の新書を出版することができました。実績もできたので、そろそろ教員の道と考えていたところ、思いもかけず環境問題に加え温暖化対策事業を海外で取り進め、二酸化炭素の排出権を獲得する事業を進める部の部長になり、仕事に専任することにしました。

この排出権獲得事業は新たな分野でしたが、社内で異動してもらった人、社外から採用した人、共に非常に優秀な人たちに恵まれ、京都議定書で認められている国連の認定第1号案件の申請に至りました。インドのプロジェクトでしたが、国連の理事会で1回目には認められず、世界1号案件は中国のプロジェクトに持って行かれました。あとで聞いたところでは、中国人理事が認定に反対したとのことだったので、1号案件がインドになることを邪魔したようでした。

その後、中国、インドネシア、ウクライナ、ロシア、チリ、エクアドルなど多くの国での排出削減プロジェクトに携わりました。この過程で経営者の「住友の家訓」の理解を目の当たりにする機会もありました。商社に入社し部長になるまで、企業の目的は法に則り、道義的な立場も考え利益を上げることと思っていました。二酸化炭素の排出権が脚光を浴びていた時期でしたので、社内でマスコミへの露出が一番多くなっていました。年間に200回以上新聞、雑誌に取り上げられ、社長と一緒にテレビ番組に出演する機会もありました。

ある時社長に呼び出されました。社長から排出権事業に関する質問があり、取り進めている事業の説明をしたところ、排出権をどこかから買ってきて、転売して儲けることはやめるように、事業を通し削減した排出権だけ売るようにと指示がありました。さらに、獲得した排出権は、必ず直ぐに必要とする日本企業に売ることも指示されました。相場で儲けることは、住友の家訓「浮利を追わず」に反すると言うのです。儲けてはいけないとも聞こえる指示で経営者の姿勢を学ぶことになりました。社長からは、折に触れ、「事業を通して排出権を獲得しているな。空気を売っていないな」と釘を刺されていました。

5年半務めたところで、大学教員への転身を図りました。上司に退職したい旨を伝えたところ、翌朝社長に呼び出されました。指示を受けていた社長は既に交代していたのですが、新社長から、退職して何をするのか聞かれましたので、大学の教員になる旨伝えました。社長は「そうか。民間企業に転職するのだったら解雇しなければと思っていたが、教育界に進む人を引き留めることはできないなあ。会社も困るので、少しの間教員と兼業で残ってくれ」と思いもかけずありがたい申し出をいただきました。

会社時代から周りの人に助けられてきましたが、大学の教員になってからも、周りの方に助けられることが多いと思っています。プール学院大学の井上修一元学長、常葉大学経営学部の歴代の学部長、学長、理事長にはいつも助けていただきました。本書を書くことができたのも、会社時代からの多くの方の支えがあったからです。

ウェッジの編集部の方には、オンラインあるいは雑誌の原稿でいつも大変ご迷惑をおかけしているのですが、今回も前著に続き書籍編集担当の木村麻衣子さんに大変お世話になりました。前回の書籍に懲りず、また声をかけていただき、遅い原稿にも付き合っていただき、感謝しかありません。

いつもリビングで原稿を書いているので、リビングは書籍が散らばり、家族とリビングで生活している愛犬のルークにも大変迷惑をかけています。ルークにも感謝の気持ちが伝わればよいのですが。

２０２４年６月　山本隆三
既に寝息を立てているルークの隣で。

山本隆三（やまもと・りゅうぞう）
常葉大学名誉教授。NPO法人国際環境経済研究所所長。京都大学卒。住友商事地球環境部長、プール学院大学（現桃山学院教育大学）教授、常葉大学経営学部教授を経て現職。経済産業省産業構造審議会臨時委員などを歴任。現在日本商工会議所、東京商工会議所「エネルギー環境委員会」学識委員などを務める。著書に『間違いだらけのエネルギー問題』（ウェッジ）、『電力不足が招く成長の限界』（エネルギーフォーラム）など多数。

間違いだらけの電力問題

2024年7月20日　第1刷発行

著　者　　山本隆三
発行者　　江尻　良
発行所　　株式会社ウェッジ
〒101-0052　東京都千代田区神田小川町１丁目３番地１
NBF小川町ビルディング３階
電話 03-5280-0528　FAX 03-5217-2661
https://www.wedge.co.jp/　　振替 00160-2-410636

装　幀　佐々木博則
DTP組版・図版製作　株式会社シナノ
印刷・製本　株式会社シナノ

※定価はカバーに表示してあります。
※乱丁本・落丁本は小社にてお取り替えいたします。

ISBN978-4-86310-284-2　C0036